Jürgen Rilling

Baurechtsberater Bauunternehmer

Ergangene Gerichtsurteile
gewinnbringend einsetzen

http://www.vieweg.de

Umschlaggestaltung: Ulrike Posselt, Wiesbaden

Gedruckt auf säurefreiem Papier

ISBN 978-3-322-91829-1   ISBN 978-3-322-91828-4 (eBook)
DOI 10.1007/978-3-322-91828-4

Vorwort

Das Buch betrifft Bauvorhaben aus dem bauunternehmerrechtlichen Bereich des Hochbaus und wendet sich vor allem an Bauunternehmer und alle, die mit der Vergabe und Ausführung von Bauvorhaben befaßt sind.

Für die Ausführung von Bauten (Hochbauten) sind eine Vielzahl von Rechtsvorschriften zu beachten, die sich auf die Ordnung der Bebauung und auf die Rechtsverhältnisse aller Beteiligten beziehen, die an der Erstellung eines Bauwerks mitwirken.

Ziel dieser Darstellung ist es, einen Überblick über wesentliche Rechtsgrundsätze aus dem Bereich des privaten Baurechts zu vermitteln.

Die Darstellung soll Orientierungshilfe für Rechtsfragen bei der Durchführung von Baumaßnahmen sein.

Durch eine neuartige Untergliederung in Form des **Such-Findsystems** wird es möglich, alle aus der Sicht des **Bauunternehmers positiven** Entscheidungen, die durch ein (+) gekennzeichnet werden, sofort zu erkennen. **Negative** Entscheidungen hingegen werden durch ein (-) Symbol deutlich gekennzeichnet. Der Buchstabe „U" steht für eine **bauunternehmerrechtliche** Entscheidung.

In Verbindung mit dem Inhalts-Stichwort und Paragraphen-Register wird es somit auch dem Baulaien möglich, anstehende Fragen gezielt zu klären.

München August 1998   J. R. Rilling

INHALTSVERZEICHNIS

INHALTSVERZEICHNIS

INHALTSVERZEICHNIS

INHALTSVERZEICHNIS

INHALTSVERZEICHNIS

XI

INHALTSVERZEICHNIS

ABKÜRZUNGSVERZEICHNIS

a.A.	=	anderer Ansicht
a.F.	=	alte Fassung
Abs.	=	Absatz
AbzG	=	Abzahlungsgesetz v. 16.05.1894
AG	=	Amtsgericht
AGB	=	Allgemeine Geschäftsbedingungen
AGBG	=	Gesetz zur Regelung des Rechts der Allgemeinen Geschäftsbedingungen vom 09.12.76
AHB	=	Allgemeine Versicherungsbedingungen für die Haftpflichtversicherung
AnfG	=	Gesetz zur Anfechtung von Rechtshandlungen außerhalb des Konkursverfahrens vom 20.05.1898 (RGBl. III 3 Nr. 311-5)
ArchV	=	Architektenvertrag
ARGE	=	Arbeitsgemeinschaft
Art.	=	Artikel
ARV	=	Allgemeine Technische Vorschriften für Bauleistungen
AÜG	=	Arbeitnehmerüberlassungsgesetz v. 07.08.1972 (BGBl. I, S 1393)
AVB	=	Allgemeine Versicherungsbedingungen
AZ	=	Aktenzeichen
BauGB	=	Baugesetzbuch
BauO	=	Bauordnung
BauPreisVO	=	Baupreisverordnung
BayBauO	=	Bayerische Bauordnung
BBauG	=	Bundesbaugesetz
Beschl.	=	Beschluß
BeurkG	=	Beurkundungsgesetz vom 28.08.1969 (BGBl. S 1513) mit Änderung v. 20.02.1980 (BGBl. I, S. 157)
bezgl.	=	bezüglich
BFH	=	Bundesfinanzhof

XV

ABKÜRZUNGSVERZEICHNIS

BGB	=	Bürgerliches Gesetzbuch
BGBl.	=	Bundesgesetzblatt
BGH	=	Bundesgerichtshof
Bl.	=	Blatt
BStBl.	=	Bundessteuerblatt
BW	=	Baden-Württemberg
ca.	=	cirka
d.h.	=	das heißt
ErbbRVO	=	Verordnung über das Erbbaurecht vom 15.01.1919 (RGBl. 72, BGBl. III 4, Nr. 403-6)
f.,ff.	=	folgende
GBO	=	Grundbuchordnung v. 5.8.1935 (RGBl. I, S. 1073)
GewO	=	Gewerbeordnung
GG	=	Grundgesetz
GKG	=	Gerichtskostengesetz
GmbH	=	Gesellschaft mit beschränkter Haftung
GOA	=	Gebührenordnung für Architekten
GOI	=	Gebührenordnung für Ingenieure
GRW	=	Grundsätze und Richtlinien für Wettbewerbe auf dem Gebiete des Bauwesens und des Städtebaus von 1952
GSB	=	Gesetz über die Sicherung von Bauforderungen (GSB) vom 1.6.1909 (RGBl. I, S 490)
GWB	=	Gesetz gegen Wettbewerbsbeschränkungen
Haftpfl.G.	=	Reichshaftpflichtgesetz vom 7.6.1871
HGB	=	Handelsgesetzbuch
HOAI	=	Verordnung über die Honorare für Leistungen der Architekten und Ingenieure vom 17.9.1976 (BGBl. I, S2805)
i.V.m.	=	in Verbindung mit
KG	=	Kammergericht
KO	=	Konkursordnung

ABKÜRZUNGSVERZEICHNIS

KunstUrhG	=	Gesetz zum Urheberrecht an Werken der bildenden Künste und der Photographie (Kunsturhebergesetz) vom 9.1.1907
LBauO	=	Landesbauordnung
LBO	=	Landesbauordnung
LG	=	Landgericht
LitUrhG	=	Gesetz betreffend das Urheberrecht an Werken der Literatur und der Tonkunst vom 19.6.1901
m. w. N.	=	mit weiteren Nachweisen
MaBV	=	Makler- und Bauträgerverordnung v. 11.06.1975 (BGBl. I, S 1351)
MRVG	=	Gesetz zur Verbesserung des Mietrechts und zur Begrenzung des Mietanstiegs sowie zur Regelung von Ingenieur- und Architekten-Leistung vom 04.11.1971 (BGBl. I, 1745)
MWSt.	=	Mehrwertsteuer
n.F.	=	neue Fassung
NachbG	=	Nachbarrechtsgesetz
NachbGNW	=	Nachbarrechtsgesetz NRW vom 15.04.1969 (GVNWS, 190)
NRW	=	Nordrhein-Westfalen
NW	=	Nordrhein-Westfalen
o.a.O.	=	am angegebenen Ort
oHG	=	Offene Handelsgesellschaft
OLG	=	Oberlandesgericht
RBerG	=	Rechtsberatungsgesetz vom 13.12.1935 (RGBl. I, 1478, BGBl. III, 3 Nr. 303-12)
RG	=	Reichsgericht
RGarO	=	Reichsgaragenordnung
RVO	=	Reichsversicherungsordnung
s.	=	siehe

ABKÜRZUNGSVERZEICHNIS

Schwarz ArbG.	=	Gesetz zur Bekämpfung von Schwarzarbeit vom 30.03.1957 (BGBl. I, 315)
StGB	=	Strafgesetzbuch
StVG	=	Straßenverkehrsgesetz
StVO	=	Straßenverkehrs-Ordnung
StVZO	=	Straßenverkehrs-Zulassungs-Ordnung
UmstG	=	Umstellungsgesetz, Drittes Gesetz zur Neuordnung des Geldwesens vom 27.06.1948
UrhG	=	Gesetz über Urheberrecht und verwandte Schutzrechte (Urheberrechtsgesetz) vom 09.09.1965 (BGBl. I, 1273)
Urt.	=	Urteil
UStG	=	Umsatzsteuergesetz vom 29.05.1967 (BGBl. I, 545)
UWG	=	Gesetz gegen den unlauteren Wettbewerb vom 17.06.1909 (RGBl. 499, BGBl. III 4 Nr. 43-1)
VerglO	=	Vergleichsordnung vom 26.2.1935
VermBG	=	Drittes Gesetz zur Förderung der Vermögensbildung der Arbeitnehmer vom 27.6.1970
Vgl.	=	Vergleiche
VO	=	Verordnung
VOB/A	=	Verdingungsordnung für Bauleistungen Teil A
VOB/B	=	Verdingungsordnung für Bauleistungen Teil B
VOPRNr.66/50	=	Verordnung über die Gebühren für Architekten vom 13.10.1950
WEG	=	Gesetz über das Wohnungseigentum und das Dauer-wohnrecht (Wohneigentumsgesetz) vom 15.3.1951
Ziff.	=	Ziffer
z.B.	=	zum Beispiel
ZPO	=	Zivilprozeßordnung
ZSEG	=	Gesetz über die Entschädigung von Zeugen und Sachverständigen vom 1.10.1969

Baurechtsberater Bauunternehmer

Ergangene Gerichtsurteile gewinnbringend einsetzen

Fall U 1 (+)

Hat der Bauherr für Pflichtverletzungen des Architekten gegenüber dem Bauunternehmer zu haften?

Bauunternehmer Flach bekommt vom Architekten Schlampig die Freigabe für die Ausführung der Estricharbeiten im Rohbau des Sparsam. Als die Arbeiter des Flach anreisen, müssen sie jedoch feststellen, daß die Vorarbeiten, u.a. fehlen bei den Kupferrohren der Fußbodenheizung die erforderlichen Ummantelungen, noch nicht abgeschlossen sind. So müssen sie unverrichteter Dinge wieder abreisen. Die entstandenen Kosten für die Anreise sowie Arbeitsausfall möchte Flach nun vom Bauherrn Sparsam ersetzt haben. Sparsam dagegen meint, dies ginge ihn nichts an, da der Architekt diese Arbeiten freigegeben hat, deshalb müsse auch dieser für die entstandenen Kosten haften.

Ist die Annahme des Sparsam richtig?

Antwort:
Die Annahme des Sparsam ist falsch. Er als Bauherr und Vertragspartner
des Flach hat für Pflichtverletzungen des Architekten gem. §278 BGB
einzustehen. Eine Pflichtverletzung des Architekten liegt vor, da er seine
Koordinierungspflicht verletzt hat, indem er die Estricharbeiten zur Ausführung freigegeben hat, bevor die auf dem Boden verlegten Kupferrohre
die erforderliche Ummantelung erhalten haben.

<table>
<tr><td>

Merke:

</td></tr>
<tr><td>

**Der Bauherr haftet dem Bauunternehmer regelmäßig für Pflichtver-
letzungen des Architekten. Etwas anderes gilt nur dann, wenn dem
Architekten ein bloßes Bauaufsichtsverschulden zur Last fällt.**

</td></tr>
</table>

<table>
<tr><td>

Angesprochene Rechtsquellen:

</td></tr>
<tr><td>

§§ 254, 635 BGB
Stichwort: Architektenhaftung - Koordinierungsverschulden, Mitverschulden
Urteil: OLG Köln vom 23.05.1978 (15 U 118/77)

</td></tr>
</table>

Fall U 2 (+)

Liegt ein Planungsfehler vor, wenn der Keller eines Hauses nicht als Vorratskeller für Lebensmittel genutzt werden kann?

Berta Kräuter hat sich ein Einfamilienhaus errichten lassen. Nach der Fertigstellung muß sie feststellen, daß ihr Keller zur Lagerung von Lebensmitteln wenig geeignet ist, da die Temperatur im Keller höher als 16°C ist. Berta Kräuter ist der Überzeugung, daß dies einen Mangel darstellt, der auf einen Planungsfehler des Architekten zurückgeht. Kann Berta Kräuter vom Architekten Schadensersatz wegen fehlerhafter Planung verlangen?

Antwort:
Berta Kräuter kann keinen Schadensersatz wegen Mangelhaftigkeit der
Planung verlangen. Ein Mangel läge dann vor, wenn der Wert oder die
Tauglichkeit des Kellerraumes zu dem nach dem Vertrag vorausgesetzten
Gebrauch aufgehoben oder gemindert wäre. Da jedoch keine besonderen
vertraglichen Absprachen über die Eignung des Kellers als Vorratsraum
getroffen worden sind, liegt kein Mangel vor. Da keine vertragliche Vereinbarung vorliegt, beurteilt sich die Mangelhaftigkeit nach dem gewöhnlichen Gebrauch eines gleichartigen Kellers gemessen an durch-
schnittlichen Lebensverhältnissen. Hiernach ist der Keller nicht zu beanstanden, da hier ein Keller vor allem auch zum Abstellen von Gegenstän-
den aller Art verwendet wird. Somit sind Schadensersatzansprüche der
Berta Kräuter ausgeschlossen.

<table>
<tr><td>

Merke:

**Will der Bauherr einen Keller zu einem bestimmten Zweck nutzen,
so muß er mit dem Bauunternehmer eine entsprechende Vereinba-
rung im Bauvertrag aufnehmen. Vor allen Dingen gibt es keinen all-
gemeinen Anspruch, daß die Kellertemperatur eine gewisse Grenze
nicht überschreitet.**

</td></tr>
</table>

<table>
<tr><td>Angesprochene Rechtsquellen:</td></tr>
</table>

<table>
<tr><td>

§§ 633 ff BGB
Stichwort: Architektenhaftung - Planungsfehler, Kellerraumtemperatur, Mangel
Urteil: LG Köln vom 01.10.1986 (14 O 643/83)

</td></tr>
</table>

Fall U 3 (+)

Ist eine Verpflichtung des Bauherrn, mit dem Inhalt, dem Architekten eine Abschlagszahlung zu leisten, damit dieser keine Leistungen erbringt, wirksam?

Architekt Clever hatte mit Bauherr Eigenheim einen Architektenvertrag geschlossen. Bei den Vorbereitungen zum Beginn der Bauarbeiten stellt sich heraus, daß Bauunternehmer Baufix das günstigste Angebot hat. Baufix möchte jedoch mit Architekt Clever nicht zusammenarbeiten. Deshalb kommt er mit Eigenheim überein, daß dieser Clever gegenüber eine Abstandszahlung für nicht entrichtete Leistungen zu erbringen hat. Mit diesem Vorgehen findet sich Clever nicht ab. Er meint, daß der Vertrag zwischen Baufix und Eigenheim unwirksam sei.

Zu Recht?

Antwort:
Der Vertrag zwischen Baufix und Eigenheim verstößt zweifelsfrei gegen
das Kopplungsverbot. Es findet auch dann Anwendung, wenn der Grund-
stückseigentümer sich verpflichtet, eine Abstandszahlung an den Architekten dafür zu entrichten, daß er keine Leistungen erbringt. Verpflichtungen, sich an einen bestimmten Architekten zu wenden oder nicht,
stellen immer einen Verstoß gegen das Kopplungsverbot dar und sind
regelmäßig unwirksam.

<table>
<tr><td>

Merke:

**Ein Vertrag, in dem sich der Grundstückserwerber verpflichtet, eine
Abstandszahlung an den Architekten dafür zu entrichten, daß er
keine Leistungen erbringt, ist als ein Verstoß gegen das Kopplungs-
verbot unwirksam.**

</td></tr>
</table>

Angesprochene Rechtsquellen:

§ 3 Art. 10 MRVG
Stichwort: Architektenbindung - Kopplungsverbot, Abstandszahlung
Urteil: OLG Köln vom 07.07.1993 (11 U 53/93)

Fall U 4 (+)

Ist ein Schadensersatzanspruch des Bauherrn ausgeschlossen, wenn er die fehlerhafte Leistung in Kauf genommen hat?

Bauherr Eigenheim möchte sich ein Haus bauen. Dazu wendet er sich an den Architekten Schlampig. Nach Fertigstellung der Pläne wird Bauunternehmer Baufix beauftragt, das Gebäude zu errichten. Bald zeigen sich jedoch erhebliche Mängel, die auf eine fehlerhafte Planung des Architekten Schlampig zurückzuführen sind. Wie sich weiter herausstellt, hätten die Fehler in der Planung vermieden werden können, wären die Pläne noch einmal überprüft worden. Diese Überprüfung ist jedoch auf Drängen des Eigenheim unterblieben, da er es nicht erwarten konnte, mit den Bauarbeiten zu beginnen. Insoweit nahm er bestehende Fehler billigend in Kauf. Trotzdem ist er nun mit den entstandenen bzw. bestehenden Fehlern nicht einverstanden. Er fragt sich, ob er gegen den Architekten oder gegen den Bauunternehmer Schadensersatzansprüche geltend machen kann.

Antwort:

Schadensersatzansprüche bestehen nicht. Zwar liegt tatsächlich ein Mangel vor, insoweit sind sämtliche Tatbestandsvoraussetzungen erfüllt; dadurch, daß Eigenheim jedoch den Mangel billigend in Kauf genommen hat, ist sein Anspruch auf Schadensersatz ausgeschlossen. Dies gilt sowohl für Ansprüche gegen den Architekten als auch gegenüber dem Bauunternehmer. Zwar hätte der Bauunternehmer nach §13 Nr. 3, §4 Nr. 3 VOB/B dem Bauherrn eine Mitteilung über die zu befürchtenden Mängel machen müssen, allerdings entfällt diese Pflicht, wenn wie hier der Bauherr die Mangelhaftigkeit in Kauf genommen hat. Somit scheiden Schadensersatzansprüche des Bauherrn aus.

Merke:

Ein Schadensersatzanspruch aus §635 BGB gegen den planenden Ingenieur oder Architekt scheidet aus, wenn der Bauherr die fehlerhafte Leistung in Kauf genommen hat. In diesem Fall ist auch der Bauunternehmer nicht verpflichtet, gem. §4 Nr. 3 VOB/B Bedenken anzumelden.

Angesprochene Rechtsquellen:

§ 635 BGB; §§ 4 Nr. 3, 13 Nr. 3 VOB/B
Stichwort: Ingenieurhaftung - Planungsfehler, Kenntnis des Bauherrn, Hinweispflicht
Urteil: OLG Stuttgart vom 02.02.1994 (1 U 195/92)

Fall U 5 (+)

Ist die AGB-Klausel des Bauherrn wirksam, wonach der Unternehmer garantiert, daß die Mengenansätze aus dem Angebot nicht erhöht werden?

Widrig ist Inhaber eines Hotels und entschließt sich zu einer Generalüberholung. Das Hotel soll von Grund auf renoviert werden. Widrig kommt mit dem Bauunternehmer Baufix zu einer Übereinkunft, wonach dieser die gesamte Renovierung übernimmt. Baufix gab zunächst ein sehr detailliertes Angebot mit Mengenansätzen ab. Im weiteren Verlauf kam es zu einigen Änderungen des Angebotes, die Mengenansätze blieben unberührt. Schließlich kam es zum Vertragsschluß. In diesem Vertrag waren die allgemeinen Geschäftsbedingungen des Widrig einbezogen. Darin hieß es u.a., daß der Auftraggeber garantiert, daß die Mengenansätze nicht erhöht werden. Im Laufe der Arbeiten wird jedoch deutlich, daß die Mengenansätze zu niedrig angesetzt waren. Baufix muß deshalb erheblich mehr an Material verwenden, als ursprünglich vorgesehen war. Baufix stellt dies Widrig in Rechnung. Widrig weigert sich diese Rechnung zu bezahlen, da sie nach seiner Einschätzung überhöht ist. Widrig beruft sich auf seine AGB-Klauseln, wonach der Auftragnehmer, hier also Baufix, garantiert hat, daß er die Mengenansätze nicht erhöhen werde. Baufix hätte somit nach der Auffassung des Widrig die Erhöhungen schon aus diesem Grund nicht berechnen dürfen.

Zu Recht?

Antwort:

Widrig irrt sich. Er hat die Rechnung, so wie sie gestellt worden ist, zu bezahlen. Die Klausel, auf die Widrig sich beruft, ist unwirksam, da der Auftragnehmer durch diese unangemessen benachteiligt wird, da Baufix Leistungen in einem bei Abgabe des Angebotes nicht vorhersehbarem Umfang erbringen mußte und diese im Hinblick auf die vorgesehene Mengenbegrenzung aus AGB-Klausel nicht in Rechnung stellen kann. Dies stellt eine unangemessene Benachteiligung des Baufix dar. Somit ist die Rechnung nicht schon wegen eines Verstoßes gegen die AGB-Bestimmungen des Widrig unwirksam.

<table>
<tr><td>

Merke:

Eine AGB-Klausel, wonach der Auftragnehmer garantiert, daß die Mengenansätze seines Angebotes nicht erhöht werden, benachteiligt ihn unangemessen und ist daher gemäß §9 AGB-Gesetz unwirksam.

</td></tr>
</table>

Angesprochene Rechtsquellen:

§ 9 AGB-Gesetz
Stichwort: AGB-Klauseln - Einheitspreisänderung bei Mengenänderungen
Urteil: LG Nürnberg vom 25.10.1989 (5 O 7142/88)

Fall U 6 (+)

Kann der Bauunternehmer durch AGB die Beweislastverteilung zu seinen Gunsten ändern?

Schwäbli läßt sich von dem Bauunternehmer Fleißig ein Einfamilienhaus errichten. In den allgemeinen Geschäftsbedingungen des Fleißig ist u. a. die Klausel zu finden: „Der Bauherr trägt die Beweislasten für die Umstände, die normalerweise in den Verantwortungsbereich des Bauunternehmers fallen würden." Schwäbli und Fleißig vereinbaren, daß das zu errichtende Einfamilienhaus innerhalb einer Zeit von 3 Monaten nach Baubeginn bezugsfertig zu sein hat. Fleißig kann diesen Termin aus verschiedenen Gründen jedoch nicht einhalten. Dadurch sind Schwäbli erhebliche Mehrkosten entstanden, da er bereits seine alte Wohnung gekündigt hatte. Nun mußte er sich kurzfristig eine Ersatzwohnung besorgen, um die Zeit bis zur Fertigstellung überbrücken zu können. Diesen Schaden möchte er von Fleißig ersetzt haben. Fleißig verweist Schwäbli, nachdem dieser ihn auf seine Ansprüche aufmerksam gemacht hat, auf seine allgemeine Geschäftsbedingungen, wonach Schwäbli ihm auch zu beweisen hätte, daß die Verzögerung der Fertigstellung alleine von ihm zu vertreten sei.

Zu Recht?

Antwort:

Fleißig kann sich nicht auf seine AGB-Klausel berufen, nach der Schwäbli die Beweislast für die Verzögerung tragen würde. Eine solche AGB-Bestimmung ist gemäß §11 Nr. 15 a AGB-Gesetz unwirksam. Ist Schwäbli jedoch Kaufmann, wäre §11 Nr. 15 a gemäß §24 AGB-Gesetz nicht anwendbar. Danach könnte die Klausel für einen Kaufmann wirksam sein. Regelmäßig gilt jedoch, daß sämtliche allgemeine Geschäftsbedingungen an §9 des AGB-Gesetzes zu messen sind, d. h. auch allgemeine Geschäftsbedingungen, die gegenüber einem Kaufmann verwendet werden, können anhand von §9 überprüft werden. Danach sind AGB-Klauseln unwirksam, wenn sie gegen die wesentlichen Grundsätze des Vertragsrechtes verstoßen. Ein solcher Grundsatz besagt, daß dem Bauherrn nicht der Beweis für Umstände auferlegt werden kann, die in den Verantwortungsbereich des Bauunternehmers fallen. Dies gilt insbesondere auch für den Nachweis des Verschuldens bei objektiven Pflichtverletzungen des Bauunternehmers.

<table>
<tr><td>

<u>Merke:</u>

Verwendet der Bauunternehmer in seinen allgemeinen Geschäftsbedingungen eine Bestimmung, die die Beweislast zu Ungunsten des Bauherrn verteilen würde, so ist diese Bestimmung unwirksam. Dies gilt auch, wenn auf der Seite des Bauherrn ein Kaufmann steht.

</td></tr>
</table>

<table>
<tr><td>

Angesprochene Rechtsquellen:

</td></tr>
</table>

<table>
<tr><td>

§§ 9, 11, 24 AGB-Gesetz
Stichwort: AGB-Klauseln - Beweislast Umkehr
Urteil: BGH vom 23.02.1984 (VII ZR 274/82)

</td></tr>
</table>

Fall U 7 (+)

Ist die AGB-Klausel „Fahrtzeiten gelten als Arbeitszeiten" wirksam?

Gartenbauunternehmer Bäumel soll bei Protzig den Garten neu anlegen. Die Firma des Bäumel hat ihren Sitz in Waldhausen. Protzigs Villa hingegen liegt in dem 70 km entfernten Grünwald. Das bedeutet, daß die Arbeiter des Bäumel grundsätzlich mit einer Stunde Fahrt einfach rechnen müssen. Büschel, einer der Arbeiter des Bäumel, wohnt in einem Vorort von Grünwald. Dieser hat lediglich eine Fahrtzeit von 10 Minuten von seiner Wohnung bis zu Protzig.

In den AGBs des Bäumel heißt es u. a.:

1. Fahrtzeiten gelten als Arbeitszeiten.

2. Angefangene Stunden werden als volle Stunden berechnet.

3. Bei der Berechnung von Fahrtweg und Fahrtzeit wird grundsätzlich vom Firmensitz aus gerechnet.

Nach Abschluß der Arbeiten stellt Bäumel Protzig die Rechnung. Darin sind auch die Fahrtzeiten als Arbeitszeiten ausgewiesen. Darüber hinaus sind sämtliche angefangene Stunden als volle Stunden berechnet. Auch ist in der Rechnung nicht berücksichtigt, daß Büschel im Vorort von Grünwald wohnt und somit lediglich eine tatsächliche Fahrtzeit von 10 Minuten hatte. Berechnet wurde auch für Büschel eine Fahrtzeit von 1 Stunde. Protzig fragt sich nun, ob er die Rechnung so akzeptieren muß.

Antwort:
Protzig muß die Rechnung so nicht akzeptieren.

1. Die Klausel „Fahrtzeiten gelten als Arbeitszeiten" ist gemäß §9 AGB-Gesetz unwirksam. Aufgrund des Leistungsprinzips des Werkvertrages kann Bäumel lediglich eine Kilometerpauschale verlangen, nicht jedoch die Fahrtzeit als Arbeitszeit rechnen.

2. Protzig kann nichts gegen die Klausel „Angefangene Stunden werden als volle Stunden berechnet" unternehmen. Diese ist als Preisgestaltungsklausel der Inhaltskontrolle nach AGB-Gesetz entzogen. Bäumel kann grundsätzlich jede angefangene Stunde als volle Stunde berechnen.

3. Protzig kann sich auch nicht gegen die Berechnung der Fahrtzeit des Bäumels mit Erfolg wenden. Als Preisnebenabsprache ist eine solche Klausel bei Abwieglung der beiderseitigen Interessen regelmäßig angemessen.

<u>Merke:</u>

Folgende Klauseln in AGBs sind grundsätzlich wirksam: Angefangene Stunden werden als volle Stunden berechnet. Bei der Berechnung von Fahrtweg und Fahrtzeit wird grundsätzlich von einem Einsatz des Arbeiters ab seiner Geschäftsstelle ausgegangen. Eine Klausel, wonach Fahrtzeiten als Arbeitszeiten gelten sollen, ist dagegen unwirksam.

Angesprochene Rechtsquellen:

---

§ 631 BGB; §§ 8, 9, 24 AGB-Gesetz
Stichwort: AGB-Klauseln - Fahrtzeit, angefangene Stunden
Urteil: OLG Frankfurt vom 22.04.1983 (6 U 90/82)

Fall U 8 (+)

Ist die AGB des Bauherrn wirksam, wonach bei berechtigter Kündigung Schadensersatzansprüche gem. §642 BGB ausgeschlossen sein sollen?

Schreinermeister Eder soll eine Holzkassettendecke für Protzig errichten. In den AGBs des Protzig heißt es, daß dem Unternehmer eine Kündigung aus wichtigem Grund lediglich mit einer Frist von 4 Wochen möglich sei. Darüber hinaus sollen für diesen Fall Schadensersatzansprüche und Entschädigungsansprüche des Unternehmers aus §642 BGB ausgeschlossen sein. Diese AGBs sollen der VOB/B vorgehen.

Nach Abschluß der Arbeiten stellt Eder seine Schlußrechnung. Daraufhin kam es zur Abnahme, bei der allerdings verschiedene Mängel festgestellt wurden. Protzig bezahlt deswegen und wegen einer berechtigten Vertragsstrafe lediglich einen Teil des Betrages. Er erklärt, daß er keine weitere Zahlung mehr leisten werde.

Eder verlangt jedoch die Zahlung des Restes. Protzig meint, daraufhin angesprochen, im Hinblick auf §16 Nr. 3 Abs. 2 der VOB/B sei die Forderung des Schreinermeisters ausgeschlossen.

Kann Eder trotz der Schlußzahlungserklärung des Protzig gemäß §16 Nr. 3 Abs. II VOB/B Bezahlung verlangen?

Antwort:

Ja, er kann. Enthalten vom Auftraggeber (hier Protzig) gestellte besondere Vertragsbedingungen, die nach den getroffenen Abreden der VOB/B vorgehen sollen, die Bestimmung, daß der Auftragnehmer auch bei berechtigter Kündigung aus wichtigem Grund, die für ihn lediglich mit einer Frist von 4 Wochen möglich ist, nur Vergütung der bis dahin erbrachten Leistungen, nicht aber Schadensersatz oder Entschädigung gemäß §642 BGB verlangen kann, so ist die VOB/B nicht als Ganzes vereinbart. Somit sind die Bestimmungen der VOB am AGBG zu messen. Dieser Prüfung hält §16 Nr. 3 Abs. 2 VOB/B stand, da sie bei isolierten Prüfung gegen §9 AGBG verstößt.

Somit kann sich Protzig nicht auf seine Schlußzahlungserklärung gemäß §16 Nr. 3 Abs. 2 VOB/B berufen.

<table>
<tr><td>

Merke:

Schließt der Bauherr in seinen besonderen Vertragsbedingungen, die nach den getroffenen Abreden der VOB/B vorgehen sollen, Schadensersatz oder Entschädigungsansprüche gemäß §642 BGB des Bauunternehmers für den Fall aus, daß dieser aus wichtigem Grund kündigt, so kann er sich nicht auf die für ihn günstige Regelung des §16 Nr. 3 Abs. 2 VOB/B berufen.

</td></tr>
</table>

Angesprochene Rechtsquellen:

§§ 9, 11 Nr. 8 a AGB-Gesetz; § 16 Nr. 3 Abs. 2 VOB/B
Stichwort: AGB-Klauseln - Kündigung
Urteil: BGH vom 28.09.1989 (VII ZR 167/88)

Fall U 9 (+)

Ist die AGB-Klausel wirksam, wonach ein Zahlungsanspruch bei Kündigung auf erbrachte Leistungen beschränkt wird?

Max Fröhlich möchte sich ein Haus bauen. Dazu wendet er sich an die Firma Bauplan. Es wird vereinbart, daß die Firma Bauplan das Haus für Fröhlich vollständig schlüsselfertig errichten wird. Daraufhin wendet sich Bauplan an den Bauunternehmer Baufix, der das Haus errichten soll. In den allgemeinen Geschäftsbedingungen von Bauplan heißt es u. a., „Erfolgt die Kündigung, weil das Bauvorhaben mangels Erteilung der Baugenehmigung oder wegen Zahlungsunfähigkeit unseres Kunden nicht begonnen oder fortgeführt werden kann, beschränkt sich der Vergütungsanspruch des Auftragnehmers auf die bis dahin erbrachten Leistungen.“

Eine Woche später beginnen die Bauarbeiten. In der Zwischenzeit kommt Fröhlich in Zahlungsschwierigkeiten und kann den Verpflichtungen gegenüber Bauplan nicht nachkommen. Deshalb kündigt Bauplan dem Bauunternehmer Baufix unter Hinweis auf die AGB-Klausel. Baufix möchte nun wissen, was er der Firma Bauplan in Rechnung stellen kann. Insbesondere, ob die Klausel wirksam ist.

Antwort:

Baufix steht der Vergütungsanspruch aus §649 Satz 2 zu. Danach ist er grundsätzlich berechtigt, die vereinbarte Vergütung zu berechnen.

Er muß jedoch das abziehen, was er infolge der Aufhebung des Vertrages an Aufwendungen erspart oder durch anderweitige Verwendung seiner Arbeitskraft erwirbt oder zu erwerben böswillig unterläßt.

Durch die AGB-Bestimmung wird der Vergütungsanspruch aus §649 BGB gekürzt. D.h., der Unternehmer könnte nur seine erbrachten Leistungen abrechnen, ohne daß es wie bei §649 BGB darauf ankäme, ob er Folgeaufträge hat oder bekommen könnte.

Deshalb ist die AGB-Klausel der Firma Bauplan unwirksam, da sie den Bauunternehmer unangemessen benachteiligt.

<table><tr><td>

Merke:

Der Auftraggeber kann durch AGB-Bestimmungen sein Risiko, daß sein Kunde zahlungsunfähig wird oder die nötigen Genehmigungen nicht beibringen kann, nicht, auch nicht teilweise, auf den Bauunternehmer abwälzen.

</td></tr></table>

<table><tr><td>

Angesprochene Rechtsquellen:

</td></tr></table>

<table><tr><td>

§ 9 AGB-Gesetz
Stichwort: AGB-Klauseln - Kündigungsfolgen
Urteil: OLG München vom 15.01.1987 (29 U 4348/86)

</td></tr></table>

Fall U 10 (+)

Ist die AGB des Bauherrn wirksam, wonach bei außerordentlicher Kündigung durch den Bauherrn der Bauunternehmer nach §6 Nr. 5 VOB/B abzurechnen hat und sonstige Ansprüche ausgeschlossen sind?

Bauherr Glücklich läßt sich vom Bauunternehmer Clever ein Haus bauen. Die AGB des Glücklich enthalten eine Klausel, wonach die Leistungen des Bauunternehmers für den Fall, daß der Bauherr ohne besonderen Grund kündigt, gem. §6 Nr. 5 VOB/B abzurechnen hat und weitergehende Ansprüche des Auftragnehmers einschließlich etwaiger Schadensersatzsansprüche ausgeschlossen sind. In den darauffolgenden Tagen will sich Glücklich vom Vertrag lösen, deshalb kündigt er ohne Angabe von Gründen. Clever hatte jedoch schon erhebliche Dispositionen getroffen. Insbesondere wurden Geräte bereitgestellt, Termine entsprechend ausgerichtet. Es entstand ihm ein erheblicher Schaden. Diesen möchte er von Glücklich ersetzt bekommen. Glücklich verweist auf seine AGB und verweigert die Bezahlung.

Zu Recht?

Antwort:
Clever kann seine Schadensersatzansprüche geltend machen. Glücklich
beruft sich zwar auf seine AGB-Klausel, diese ist jedoch unwirksam, da
sie den Bauunternehmer unangemessen benachteiligt und gegen das Gebot von Treue und Glauben verstößt. Somit ist diese Klausel unwirksam.
Sie ist rechtsmißverständlich gemäß §9 AGBG, da sie dem Verwender
die Möglichkeit eröffnet, sich vom Vertrag zu lösen, ohne daß ein Schaden, der dem anderen dadurch entsteht, berücksichtiget werden muß.

<table>
<tr><td>Merke:</td></tr>
<tr><td>

**Eine in Allgemeinen Geschäftsbedingungen des Auftraggebers ent-
haltene Klausel, wonach die Leistungen des Auftragnehmers, wenn
der Auftraggeber den Vertrag ohne besonderen Grund kündigt (§8
Nr. 1 Abs. 1 VOB/B), gemäß §6 Nr. 5 VOB/B abzurechnen und wei-
tergehende Ansprüche des Auftragnehmers einschließlich etwaiger
Schadensersatzansprüche ausgeschlossen sind, benachteiligt den Auf-
tragnehmer entgegen den Geboten von Treue und Glauben unange-
messen und ist daher unwirksam.**

</td></tr>
</table>

<table>
<tr><td>Angesprochene Rechtsquellen:</td></tr>
</table>

<table>
<tr><td>

§ 8 Nr. 1 VOB/B; § 9 AGB-Gesetz
Stichwort: AGB-Klauseln - Kündigungsfolgen
Urteil: BGH vom 04.10.1984 (VII ZR 65/83)

</td></tr>
</table>

Fall U 11 (+)

Ist es zulässig, durch AGB-Klauseln den Vergütungsanspruch für zusätzliche Leistungen von einer schriftlichen Preisvereinbarung abhängig zu machen?

Glücklich wird mit dem Bauunternehmer Baufix über die Errichtung eines Rohbaues einig. In den Vertrag werden die allgemeinen Geschäftsbedingungen des Glücklich einbezogen. Darin ist u.a. eine Klausel enthalten, die den Vergütungsanspruch für zusätzliche Leistungen aus §2 Nr. 6 VOB/B von einer schriftlichen Preisvereinbarung abhängig macht. Während den Ausführungsarbeiten wird Glücklich klar, daß einige Wände nicht am rechten Ort stehen. Dies ist nicht auf einen Planungsfehler zurückzuführen, sondern auf Sonderwünsche des Glücklich. Vor Ausführung der Umsetzungsarbeiten kündigt Baufix Glücklich an, daß diese Umsetzungen Mehrkosten verursachen würden. Eine schriftliche Vereinbarung erfolgte nicht. Nach Abnahme der abgeschlossenen Arbeiten stellt Baufix Glücklich die Rechnung. In dieser sind auch die Mehrkosten für die Umsetzung der Wände aufgeführt. Glücklich weigert sich jedoch, diese Mehrkosten unter Hinweis auf seine AGB-Klausel zu bezahlen.

Zu Recht?

Antwort:

Glücklich hat auch die Mehrkosten für die Umsetzung der Mauern zu bezahlen. Seine AGB-Klausel stellt einen Verstoß gegen §9 AGB-Gesetz dar und ist somit unwirksam. §2 Nr. 6 VOB/B billigt dem Unternehmer für Zusatzleistungen eine Vergütung zu. §1 Nr. 3 und 4 der VOB/B gewähren dem Auftraggeber einseitig das Recht, Zusatzleistungen zu verlangen, die mit der Hauptleistung im Zusammenhang stehen. Für dieses Recht des Auftraggebers auf Zusatzleistung wird dem Auftragnehmer der notwendige Ausgleich in der Weise gegeben, daß er unter den Voraussetzungen des §2 Nr. 6 VOB/B eine Vergütung verlangen kann. Wenn nunmehr diese ausgewogene Regelung dahingehend verschoben wird, daß im Falle der Nichteinigung dem Auftraggeber die Vergütung versagt wird, so verstößt dies gegen den wesentlichen Grundgedanken der gesetzlichen Regelung.

<table>
<tr><td>

Merke:

Die Vergütung für Zusatzleistungen kann zumindest nicht durch AGB-Klauseln in der Weise ausgeschlossen werden, daß der Vergütungsanspruch nur dann bestehen soll, wenn sich die Parteien schriftlich einigen konnten. Eine Vergütung von Zusatzleistungen ist grundsätzlich schon dann zu bejahen, wenn der Auftragnehmer dem Auftraggeber seinen Anspruch vor Ausführung der Leistung angekündigt hat.

</td></tr>
</table>

<table>
<tr><td>Angesprochene Rechtsquellen:</td></tr>
</table>

<table>
<tr><td>

§ 9 AGB-Gesetz; § 2 Nr. 6 VOB/B
Stichwort: AGB-Klauseln - Schriftform für Vergütungsanspruch für zusätzliche Leistungen
Urteil: OLG Düsseldorf vom 15.12.1988 (5 U 103/88)

</td></tr>
</table>

Fall U 12 (+)

Können mündliche Nebenabreden durch AGB-Klauseln unwirksam werden?

Glücklich möchte sich ein Haus bauen. Dazu wendet er sich an den Bauunternehmer Baufix. Sie schließen einen Vertrag über die Errichtung eines Rohbaues. In den allgemeinen Geschäftsbedingungen des Bauunternehmers heißt es u.a., daß keine mündlichen Abreden getroffen worden sind. Glücklich vereinbart jedoch mit Baufix, daß die Arbeiten am 05.06.1994 beginnen sollen. Diese Vereinbarung wurde nicht schriftlich fixiert. Baufix beginnt mit den Arbeiten erst am 01.07.1994. Dadurch entsteht Glücklich ein nicht unbedeutender Schaden. Diesen möchte er von Baufix ersetzt haben. Baufix verweist auf seine AGB-Klausel, wonach sämtliche Vereinbarungen schriftlich getroffen werden müssen. Glücklich will wissen, ob diese Klausel wirksam getroffen worden ist.

Antwort:
Die Klausel des Baufix ist wirksam. Sie verstößt nicht gegen die Inhaltskontrolle aus AGB-Gesetz insbesondere nicht gegen die §9 und 11 Nr. 15b des AGB-Gesetzes. D.h., durch AGB-Bestimmungen kann festgestellt werden, daß keine mündlichen <u>Nebenabreden</u> getroffen worden sind.

<table>
<tr><td><u>Merke:</u></td></tr>
<tr><td>Die in den allgemeinen Geschäftsbedingungen enthaltene Klausel „mündliche Nebenabreden sind nicht getroffen" ist auch bei Verwendung im nichtkaufmännischen Verkehr wirksam.</td></tr>
</table>

Angesprochene Rechtsquellen:

§§ 9 und 11 Nr. 15 B AGB-Gesetz
Stichwort AGB-Klauseln -Schriftform Klausel
Urteil: BGH vom 19.06.1985 (VIII ZR 238/84)

Fall U 13 (+)

Ist die AGB des Bauherrn wirksam, wonach er berechtigt ist, eine Schuld gegenüber dem Unternehmer durch Aufrechnung mit einem Dritten zu begleichen?

Bäuerle, von Beruf Elektrogroßhändler, möchte ein Haus bauen. Dazu wendet er sich an den Bauunternehmer Ziegler. Ziegler übernimmt auch die komplette Elektro- sowie Wasserinstallation. In die allgemeinen Geschäftsbedingungen wird auch §16 Nr. 6 Satz 1 der VOB/B aufgenommen. Um die Elektroinstallation fachmännisch vornehmen zu können, wendet er sich an den Elektriker Stromer und beauftragt diesen, die entsprechenden Arbeiten vorzunehmen. D.h. Bäuerle schuldet Ziegler eine Teilleistung in Höhe von DM 10.000,00 und hat gleichzeitig eine Forderung gegen Stromer in Höhe von DM 11.000,00. Unter Berufung auf die AGB-Bestimmung und §16 Nr. 6 Satz 1 der VOB/B möchte er nun aufrechnen.

Kann Bäuerle mit seiner Forderung gegen Stromer seine Schuld gegenüber Ziegler aufrechnen?

Antwort:

In diesem geschilderten Fall kann Bäuerle nicht aufrechnen. §16 Nr. 6 Satz 1 VOB/B hält einer isolierten Inhaltskontrolle gem. §9 AGB-Gesetz nicht stand. Das bedeutet: Ist wie hier §16 Nr. 6 Abs. 1 VOB/B als AGB-Bestimmung in den Vertrag aufgenommen, so entfaltet diese Regelung keine Wirksamkeit. Somit kann Bäuerle nicht wie gewollt aufrechnen.

<table>
<tr><td>

Merke:

§16 Nr. 6 Satz 1 VOB/B kann keine wirksame AGB-Bestimmung sein.

</td></tr>
</table>

<table>
<tr><td>Angesprochene Rechtsquellen:</td></tr>
</table>

<table>
<tr><td>

§ 16 Nr. 6 VOB/B; § 9 AGB-Gesetz
Stichwort: AGB-Klauseln - Zahlung an Dritte
Urteil: BGH vom 21.06.1990 (VII ZR 109/89)

</td></tr>
</table>

Fall U 14 (+)

Gewährt §4 Nr. 7 VOB/B dem Bauherrn einen Anspruch auf Schadensersatz wegen Nichterfüllung des ganzen Vertrages?

Bauunternehmer Baufix hat mit Eigenheim einen VOB/B Bauvertrag über die Errichtung eines Rohbaues geschlossen. Nachdem der Rohbau zur Hälfte fertiggestellt war, muß jedoch festgestellt werden, daß dieser einige Mängel aufweist. Da Baufix jedoch die Mängelbeseitigung ernsthaft und endgültig verweigert, tritt Eigenheim vom Bauvertrag mit sofortiger Wirkung zurück. Im folgenden läßt Eigenheim den halbfertigen Rohbau abreißen und ihn von einem anderen Unternehmer erneut errichten.

Kann Eigenheim von Baufix Schadensersatz wegen Nichterfüllung gem. §4 Nr. 7 VOB/B verlangen?

Antwort:
Eigenheim kann keinen Schadensersatz wegen Nichterfüllung des ganzen
Vertrages gem. §4 Nr. 7 VOB/B verlangen. Der Grund hierfür liegt darin,
daß §4 Nr. 7 VOB/B nicht so weit geht, daß er einen Anspruch auf Schadensersatz wegen Nichterfüllung des ganzen Vertrages gewährt. Eigenheim konnte den Auftrag zwar auch ohne Fristsetzung gem. §4 Nr. 7
VOB/B dem Baufix entziehen, da dieser die Beseitigung der Mängel
ernsthaft und endgültig verweigert hat, jedoch kann Eigenheim nur insoweit Schadensersatz verlangen, als ihm durch die Mängel Schäden entstanden sind. Alternativ steht ihm lediglich ein Mängelbeseitigungsanspruch zu.

<table>
<tr><td>

Merke:

</td></tr>
<tr><td>

Der Auftraggeber kann den Auftrag nach §4 Nr. 7 VOB auch ohne Fristsetzung entziehen, wenn die Beseitigung des Mangel unmöglich ist, der Auftragnehmer ernsthaft und endgültig die Mängelbeseitigung verweigert. Auch dann, wenn der Auftragnehmer durch seine mangelhafte Arbeit das Vertrauen des Auftraggebers so erschüttert hat, daß diesem die Fortsetzung des Vertrages nicht zuzumuten ist.

</td></tr>
</table>

<table>
<tr><td>Angesprochene Rechtsquellen:</td></tr>
</table>

<table>
<tr><td>

§ 4 Nr. 7 VOB/B
Stichwort: Auftragsentziehung - Fristsetzung
Urteil: BGH vom 06.05.1968 (VII ZR 33/66)

</td></tr>
</table>

Fall U 15 (+)

Ist der Bauherr berechtigt, die Vergütung des Bauunternehmers zu mindern, wenn dieser eine Leistung zwar werkgerecht jedoch verspätet erbringt?

Bauherr Sparsam hat mit Bauunternehmer Clever einen VOB/B Bauvertrag geschlossen. Durch zusätzliche Vertragsbestimmungen wurde vereinbart, daß bei Beanstandungen von Leistungen Beträge in angemessener Höhe einbehalten werden können. Als nun Clever mit der Leistungserbringung immer weiter in Verzug gerät, verweigert Sparsam die Bezahlung eines fälligen Abschlags. Er beruft sich auf die zusätzliche Vertragsbestimmung. Dabei geht er davon aus, daß Leistungsverzögerungen des Unternehmers als eine Beanstandung in diesem Sinne gelte.

Zu Recht?

Antwort:

Sparsam verweigert die Bezahlung des fälligen Abschlages zu unrecht.
Für Leistungsverzögerungen stellt §5 Nr. 4 VOB/B gegenüber §8 Nr. 3
VOB/B eine Sonderregelung dar. Somit ist Sparsam lediglich dann berechtigt, seine Abschlagszahlungen zu verweigern, wenn es sich um
Schlechtleistungen, nicht jedoch, wenn es sich um werkgerechte, verspätete Leistungen handelt. Das bedeutet, daß der Unternehmer eine Teilver-
gütung für die werkgerechten Teilleistungen erhält, auch wenn er diese
nicht fristgerecht erbracht hat.

<u>Merke:</u>

**Haben die Parteien in den zusätzlichen Vertragsbestimmungen ver-
einbart, daß bei Beanstandungen von Leistungen Beträge in angemessener Höhe einbehalten werden können, so berechtigt dies den
Bauherrn zur Verweigerung von Abschlagszahlungen nur dann,
wenn es sich um Schlechtleistungen, nicht aber wenn es sich um
werkgerechte, jedoch verspätete Leistungen handelt. Allerdings ist
der Bauherr berechtigt, wegen der Leistungsverzögerung den Werkvertrag gem. §5 Nr. 4, §8 Nr. 3 VOB/B zu kündigen.**

Angesprochene Rechtsquellen:

§§ 5 Nr. 4, 8 Nr. 3 VOB/B
Stichwort: Auftragsentziehung - Leistungsverzug, Abschlagszahlungen, Einbehalte
Urteil: BGH vom 29.02.1968 (VII ZR 154/65)

Fall U 16 (+)

Ist eine AGB-Klausel wirksam, wonach die Gewährleistungsregeln der VOB/B isoliert vereinbart werden?

Bauträger Wertvoll errichtet am Stadtrand von Moordorf ein Mehrfamilienhaus. Dazu hat er mit dem Bauunternehmer Schönhuber einen Bauvertrag geschlossen. In diesem Bauvertrag heißt es, daß die Gewährleistungsregelung des §13 der Verdingungsordnung für Bauleistungen Teil B (§13 VOB/B) gelten solle. Nach Fertigstellung sind einige Mängel zu beobachten, die als wesentlich bezeichnet werden müssen und die Gebrauchsfähigkeit erheblich beeinträchtigen. Diese Mängel sind auf ein Verschulden des Schönhuber bzw. dessen Erfüllungsgehilfen zurückzuführen. Es wird festgestellt, daß dieser Mangel leicht fahrlässig verursacht worden ist. Wertvoll möchte nun diese Mängel von Schönhuber beseitigt haben bzw. Schadenersatz von diesem. Schönhuber wendet ein, daß er gem. §13 VOB/B nicht für leichte Fahrlässigkeit einzustehen habe.

Kann Wertvoll von Schönhuber dennoch Ersatz für den Schaden verlangen?

Antwort:

Wertvoll kann Ersatz verlangen. Die Regelung des §13 VOB/B als solche stellt sich rechtlich schon als allgemeine Geschäftsbedingung im Sinne des §1 AGB-Gesetz dar, so daß diese Bestimmung durch bloße Bezugnahme oder Wiedergabe ihres Wortlautes, also ohne ausgehandelt worden zu sein, nicht Vertragsinhalt werden kann. Damit aber unterliegt sie auch dann der Kontrolle des AGB-Gesetzes, wenn sie in einem einzelnen Vertrag gestellt worden ist. Eine vom Unternehmer/Auftragnehmer/Bauträger gestellte Vertragsbedingung, in der lediglich auf §13 VOB/B verwiesen wird, verstößt damit bereits gegen §11 Nr. 10 folgende AGB-Gesetz und ist daher unwirksam. Insoweit bleibt es dann bei den Gewährleistungsregelungen des BGB. Die Gewährleistungsregelung der Verdingungsordnung für Bauleistungen Teil B könnte nicht wirksam in den Vertrag einbezogen werden. Es kommt somit allein darauf an, ob der Bauunternehmer den Mangel zu vertreten hat.

Merke:

Die isolierte Vereinbarung der Gewährleistungsregelung der VOB/B ist nur dann wirksam, wenn diese extra ausgehandelt wird.

Angesprochene Rechtsquellen:

§ 13 VOB/B; § 638 BGB; §§ 11 Nr. 10f, 23 AGB-Gesetz
Stichwort: Bauträgervertrag - Gewährleistung nach VOB/B
Urteil: BGH vom 07.05.1987 (VII ZR 129/86)

Fall U 17 (+)

Muß derjenige, der eine Baugrube auftragsgemäß verfüllt, das Erdreich so verdichten, daß eine tragfähige Plattform entsteht?

Eigenheim hat sich von Bauunternehmer Clever ein Einfamilienhaus errichten lassen. Clever hat die Baugrube nach Abschluß der Bauarbeiten vertragsgemäß wieder verfüllt. Nun kommt Eigenheim der Gedanke, daß er auch eine Garage benötige. Deswegen bestellt er bei Fertiggaragenhersteller Stellmacher eine Fertiggarage. Diese Fertiggarage soll mit Hilfe eines Autokranes auf den vorgesehenen Platz gestellt werden. Als der Autokran die Garage anhebt, gibt das Erdreich nach und der Kran fällt mit der Garage auf das Haus, das zerstört wird. Wie festgestellt wurde, gab das Erdreich deshalb nach, da es vom Bauunternehmer lediglich in die Baugrube geschüttet wurde, ohne verdichtet zu werden.

Kann nun Eigenheim vom Bauunternehmer Clever Schadensersatz verlangen?

Antwort:
Ein Schadensersatzanspruch gegen den Bauunternehmer Clever wird
ohne Erfolg bleiben. Ist der Bauunternehmer aus dem Bauvertrag verpflichtet, die Baugrube wieder zu verfüllen, bedeutet das nicht, daß er das
Erdreich so zu verdichten hat, daß eine tragfähige Plattform für einen
Autokran geschaffen wird. Eigenheim wird sich bezüglich eines Scha-
densersatzes an den Betreiber des Autokranes richten müssen.

<table>
<tr><td>

Merke:

**Der Bauunternehmer, der vertraglich verpflichtet ist, nach Abschluß
der Bauarbeiten die Baugrube wieder zu verfüllen, ist nicht ver-
pflichtet, das Erdreich so zu verdichten, damit es eine tragfähige
Plattform für einen Autokran bildet. (Traglast von einigen Tonnen).**

</td></tr>
</table>

<table>
<tr><td>Angesprochene Rechtsquellen:</td></tr>
</table>

<table>
<tr><td>

§§ 823, 831, 254 BGB
Stichwort: Bauunternehmer-Haftung Baugrubenverfüllung
Urteil: OLG Köln vom 02.03.1978 (18 U 133/77)

</td></tr>
</table>

Fall U 18 (+)

Ist eine AGB-Klausel wirksam, wonach der Unternehmer eine Vergütung für eine 10%ige Überschreitung des Mengenansatzes nur dann Vergütung verlangen kann, wenn er dies unverzüglich schriftlich ankündigt?

Bauträger Wertvoll errichtet ein Mehrfamilienhaus. Dazu schließt er mit Bauunternehmer Clever einen Bauvertrag, in den er die o.g. AGB-Klausel einbringt. Nach Fertigstellung des Hauses stellt Clever seine Schlußrechnung. Nach dieser Rechnung verlangt Clever einen höheren Preis wegen der Überschreitung des Mengenansatzes um mehr als 10%. Wertvoll verweigert die Bezahlung dieses Mehrpreises unter Hinweis auf seine AGB-Bestimmung, wonach dieser Mehrpreis unverzüglich hätte schriftlich angekündigt werden müssen.

Zu Recht?

Antwort:
Eine solche Klausel ist unwirksam. Der Bauunternehmer Clever kann den
höheren Preis verlangen. Diese Klausel verstößt gegen §9 AGB-Gesetz
und ist deshalb unwirksam. Die Klausel übervorteilt Clever in einem un-
verhältnismäßigen Maß. Dies kann nicht durch die AGB geschehen.

<table>
<tr><td>Merke:</td></tr>
<tr><td>Um einen solchen Passus in einen Vertrag mit einzubringen, muß er unbedingt im einzelnen ausgehandelt werden. Es reicht nicht, daß er durch allgemeine Geschäftsbedingungen in den Vertrag eingebracht wird.</td></tr>
</table>

<table>
<tr><td>Angesprochene Rechtsquellen:</td></tr>
</table>

<table>
<tr><td>§ 2 Nr. 3 VOB/B; § 9 AGB-Gesetz
Stichwort: Bauvertragsklauseln - Ankündigungspflicht bei Mehr- und Mindermengen
Urteil: LG München vom 18.02.1993 (7 O 13119/92)</td></tr>
</table>

Fall U 19 (+)

Sonstige AGB-Klauseln im Überblick!

Bauunternehmer Baufix, der schlüsselfertige Bauten errichtet und veräußert, verwendet folgende Klauseln in seinen allgemeinen Geschäftsbedingungen in den Verträgen mit den Subunternehmern.

- *Nachträgliche Zusatzvereinbarungen bedürfen der Schriftform.*
- *Der Werklohn wird 2 Monate nach Schlußabnahme und Prüfung der Schlußrechnung fällig.*
- *Der Subunternehmer darf den Abnahmetermin nicht überschreiten.*
- *Bei Kündigung durch den Auftraggeber wird lediglich die Leistung vergütet, die bereits erbracht ist.*

Sind diese Klauseln wirksam?

Antwort:

Diese Klauseln sind allesamt unwirksam. Sie verstoßen gegen §9 AGB-Gesetz.

<u>Merke:</u>

Klauseln in allgemeinen Geschäftsbedingungen, die offensichtlich zu einer Benachteiligung der anderen Partei führen, sind immer besonders zu prüfen und vor allen Dingen auch in Frage zu stellen. Deshalb ist es notwendig, allgemeine Geschäftsbedingungen stets sorgfältig zu lesen und gegebenenfalls streichen zu lassen.

Angesprochene Rechtsquellen:

---

§ 9 AGB-Gesetz

Stichwort: Bauvertragsklauseln - Nachunternehmervertrag

Urteil: OLG Karlsruhe vom 06.07.1993 (3 U 57/92)

Fall U 20 (+)

Wann kann der Bauunternehmer vom Bauherrn eine spezifizierte Anteilsberechnung bezüglich des Anteils für die Prämie einer Bauwesenversicherung verlangen?

Eigenheim läßt sich von Bauunternehmer Clever ein Einfamilienhaus errichten. Im Bauvertrag wird vereinbart, daß Clever einen bestimmten Anteil der Prämie für die Bauwesenversicherung zu übernehmen hat.

Als Eigenheim die Prämie vom Bauunternehmer fordert, verlangt dieser eine spezifizierte Anteilsberechnung, aus der er die Anteilsberechnung nachvollziehen kann.

Zu Recht?

Antwort:
Der Bauunternehmer Clever kann eine solche Anteilsberechnung verlangen. Da der Bauvertrag keine bestimmte prozentuale Beteiligung, ausgerichtet an der Auftragssumme, vorweist, muß der Besteller eine spezifizierte Anteilsberechnung an einer für den Unternehmer nachvollziehbaren Weise unter Berücksichtigung der Gesamtauftragssumme vornehmen.

<table>
<tr><td>Merke:</td></tr>
<tr><td>Der Bauherr hat eine spezifizierte Anteilsberechnung in einer für den Unternehmer nachvollziehbaren Weise unter Berücksichtigung der Gesamtauftragssumme vorzunehmen, wenn der Bauvertrag keine bestimmte prozentuale Beteiligung, ausgerichtet an der Auftragssumme aufweist.</td></tr>
</table>

<table>
<tr><td>Angesprochene Rechtsquellen:</td></tr>
</table>

<table>
<tr><td>§§ 14, 16 VOB/B
Stichwort: Bauwesenversicherung Umlage der Prämien
Urteil: OLG Düsseldorf vom 23.07.1993 (23 U 218/92)</td></tr>
</table>

Fall U 21 (+)

Ist Verzug des Bauunternehmers nötig, um Schadenersatzansprüche wegen verzögertem Baubeginn nach der VOB geltend machen zu können?

Eigenheim hat mit Clever einen VOB-Bauvertrag geschlossen. Der Baubeginn für Sektion C des geplanten Bauwerkes verzögert sich erheblich. Als diese Verzögerung augenscheinlich wurde, hat Eigenheim Schlampig sofort angemahnt. Als dieser die Arbeiten trotz Mahnung nicht fortsetzt, kündigt Eigenheim Schlampig und macht Schadenersatzansprüche geltend. Schlampig wendet ein, da Eigenheim fällige Zahlungen zurückhält, könne er nicht in Verzug kommen. Deshalb sei eine Kündigung unwirksam und ein Schadenersatzanspruch würde nicht bestehen. Ist die Annahme des Schlampig richtig?

Antwort:

Ein Schadenersatzanspruch des Eigenheim besteht nicht. Ein Schadenersatzanspruch wegen verzögertem Baufortschritt nach §5 Nr. 2 und 4, §6 VOB/B setzt Verzug des Bauunternehmers voraus. Dieser kommt trotz Mahnung jedoch dann nicht in Verzug, wenn er seinerseits die Weiterführung der Arbeiten gem. §16 Nr. 5 Abs. 3, Satz 3 VOB/B berechtigt verweigert. Eine berechtigte Verweigerung liegt zum Beispiel dann vor, wenn der Bauherr fällige Zahlungen zurückhält. Somit verweigert Schlampig die Weiterführung der Arbeiten zu Recht. Damit konnte Eigenheim keine wirksame Kündigung gem. §8 Nr. 3 VOB/B aussprechen.

<u>Merke:</u>

Schadenersatzansprüche des Bauherrn gegen den Bauunternehmer wegen verzögertem Baubeginn setzen Verzug des Bauunternehmers voraus. Dieser kommt trotz Mahnung dann nicht in Verzug, wenn er seinerseits die Weiterführung der Arbeiten berechtigt verweigert. Das Recht des Bauunternehmers, die Arbeiten einzustellen, schließt auch eine wirksame Kündigung des Bauherrn aus.

Angesprochene Rechtsquellen:

---

§§ 5 Nr. 2, 4, 6 Nr. 6, 8 Nr. 3, 16 Nr. 5 VOB/B
Stichwort: Behinderung Baubeginn Verzögerung Schadenersatzanspruch, Kündigung
Urteil: OLG Düsseldorf vom 07.02.1992 (22 U 159/91)

Fall U 22 (+)

Wie ist der Schaden des Unternehmers bei einem Schadenersatzanspruch aus §6 Nr. 6 VOB/B zu berechnen?

Bauunternehmer Clever hat einen Schadenersatzanspruch aus §6 Nr. 6 VOB/B gegen Eigenheim. Der Schadensberechnung hat er die Baugeräteliste sowie die allgemeinen Geschäftskosten zugrunde gelegt. Den hieraus errechneten Betrag hat er um die Mehrwertsteuer erhöht.

Ist diese Schadensrechnung richtig erstellt?

Antwort:

Sie ist im großen Teil richtig erstellt. Der Schaden des Unternehmers durch verlängerte Vorhaltung von Geräten und Maschinen läßt sich bei Eigengeräten nur gemäß §287 ZPO schätzen. Dabei kann aber die Baugeräteliste als Grundlage herangezogen werden. Im Rahmen dieser Schadensschätzung sind auch die allgemeinen Geschäftskosten zu berücksichtigen. Dies hat Clever getan. Insoweit ist die Schadensberechnung nicht zu beanstanden.

Allerdings darf der so ermittelte Schaden nicht um die Mehrwertsteuer erhöht werden, da es insoweit an einem Leistungsaustausch fehlt. Wichtig ist in diesem Zusammenhang auch, daß als Obergrenze für den Schaden die üblichen Mietkosten bei Fremdgeräten für den entsprechenden Zeitraum nicht überschritten werden darf.

<table>
<tr><td>

<u>Merke:</u>

Die Schadenermittlung des Unternehmers durch verlängerte Vorhaltung von Geräten und Maschinen erfolgt durch Schätzung. Dabei ist die Baugeräteliste zugrunde zu legen. Die allgemeinen Geschäftskosten können berücksichtigt werden. Obergrenze für die Schadenssumme sind die üblichen Mietkosten für Fremdgeräte. Der so geschätzte Betrag darf jedoch nicht um die Mehrwertsteuer erhöht werden.

</td></tr>
</table>

Angesprochene Rechtsquellen:

§ 6 Nr. 6 VOB/B; § 287 ZPO
Stichwort: Behinderung, Schaden, Schätzung, Gerätekosten, Geschäftskosten
Urteil: OLG Düsseldorf vom 28.04.1987 (23 U 151/87)

Fall U 23 (+)

Umfaßt ein Schadenersatzanspruch des §6 Nr. 6 VOB/B auch Schäden, die während der Behinderung durch ein außergewöhnlich heftiges Unwetter verursacht worden sind?

Eigenheim läßt sich vom Bauunternehmer Baufix ein Wohnhaus errichten. Während der Bauarbeiten verursacht Eigenheim eine Behinderung im Sinne von §6 Nr. 6 VOB/B. Da er diese zu vertreten hat, macht er sich gegenüber dem Bauunternehmer Baufix schadenersatzpflichtig. Während der Dauer der Behinderung kommt es zu einem außergewöhnlich heftigen Unwetter. Dieses verursacht dem Bauunternehmer weitere Schäden. Baufix verlangt nun diese Schäden zusätzlich erstattet. Dagegen wehrt sich Eigenheim und er verweigert die Bezahlung. Er meint, dieser Schadenersatzanspruch sei nicht gerechtfertigt, da er auf ein solches Unwetter keinen Einfluß habe.

Hat Eigenheim Schadenersatz auch für die durch das Unwetter entstandenen Schäden zu leisten?

Antwort:

Eigenheim hat auch für die durch das Unwetter verursachten Schäden einzustehen. Baufix verlangt zu Recht Schadenersatz.

<table>
<tr><td>

Merke:

Der Schadenersatzanspruch des Bauunternehmers nach §6 Nr. 6 VOB/B wegen einer vom Bauherrn zu vertretenden Behinderung umfaßt auch die Schäden, die erst durch ein während der Dauer der Behinderung aufgetretenes, außergewöhnliches Unwetter verursacht worden sind.

</td></tr>
</table>

<table>
<tr><td>Angesprochene Rechtsquellen:</td></tr>
</table>

§ 6 Nr. 6 VOB/B
Stichwort: Behinderung - Schadenersatzanspruch, Umfang
Urteil: KG Berlin vom 19.09.1983 (10 U 4493/82)

Fall U 24 (+)

Hat der Bauunternehmer einen Schadenersatzanspruch, wenn ihm vom Bauherrn mit Fehlern behaftete Schal- und Bewehrungspläne gestellt werden?

Protzig möchte sich ein mehrstöckiges Bürogebäude errichten lassen. Dazu schließt er mit Bauunternehmer Baufix einen Bauvertrag. Baufix muß feststellen, daß die ihm überlassenen Schal- und Bewehrungspläne mangelhaft sind. Zum Zwecke der Schadensminderung nimmt Baufix die erforderlichen Plankorrekturen selbst vor. Diese Behinderung hatte er Protzig angezeigt. So verlangt er die Mehrkosten von Protzig gem. §6 Nr. 5 Abs. 2 VOB/B (1965) bzw. gem. §6 Nr. 6 VOB/B (1979). Protzig verweigert die Bezahlung mit der Begründung, Baufix sei zur Vornahme der Plankorrekturen nicht berechtigt gewesen.

Ist der Schadenersatzanspruch des Baufix begründet?

Antwort:

Der Schadenersatzanspruch des Baufix ist berechtigt. Baufix handelte hier im Interesse des Protzig, indem er die Pläne zur Schadensminderung selbst korrigierte. Werden die Schal- und Bewehrungspläne für später zur Verfügung gestellt, wobei eine Vorlauffrist von 3 bis 4 Wochen als branchenüblich anzusehen ist, so steht dem Auftragnehmer ein Schadenersatzanspruch gem. §6 Nr. 6 VOB/B zu. Dieser Schadenersatzanspruch besteht im Grunde nach auch dann, wenn der Auftragnehmer durch zusätzlichen Einsatz von Geräten und Personal die vorgesehene Bauzeit doch noch einhält. Somit ist der Schadenersatzanspruch des Baufix begründet.

<table>
<tr><td>

Merke:

Der Auftragnehmer ist zum Zwecke der Schadensminderung infolge der Bauverzögerung berechtigt, die erforderlichen Plankorrekturen an fehlerhaften Schal- und Bewehrungsplänen selbst vorzunehmen. Ein Ersetzen des dadurch entstandenen Schadens kann verlangt werden.

</td></tr>
</table>

Angesprochene Rechtsquellen:

§ 6 Nr. 6 VOB/B
Stichwort: Behinderung - Schal- und Bewehrungspläne, Vorlauffrist, Beschleunigung
Urteil: KG Berlin vom 19.09.1984 (21/18 U 2677/76)

Fall U 25 (+)

Schadenersatzanspruch eines Bauunternehmers gegen die Lieferfirma von Fertigbeton.

Bauunternehmer Baufix hat beim Lieferwerk Schnellbeton den im Werk gemischten Fertigbeton B 225 bestellt. Als dieser Fertigbeton an die Baustelle geliefert wird, ist der Bauaufzug wegen eines Schadens nicht in Betrieb. Aus diesem Grund müssen zwei Fahrzeuge mit dem Fertigbeton über eine Stunde auf das Entladen warten. Da zu diesem Zeitpunkt schon das Erstarren des Betons begann, setzten die Fahrer auf Verlangen des Poliers des Bauunternehmers dem Fertigbeton Wasser zu. Der auf diese Art eingebrachte und nur durch ein Hinüberlaufen der Arbeiter über die Decke verdichtete Beton wies 2 Tage später zahlreiche Risse auf. Dies macht eine völlige Erneuerung der Decke erforderlich. Wegen des mangelhaften Betons will nun Bauunternehmer Baufix Schadenersatz von der Fertigbetonlieferfirma erhalten.

Zu Recht?

Antwort:

Ein Schadenersatzanspruch besteht nicht. Zunächst mußten die Fahrzeuge über eine Stunde mit dem Entladen warten. Darüber hinaus wurde auf Verlangen des Poliers des Bauunternehmers dem Beton Wasser beigemischt. Ein Verschulden der Lieferfirma des Betons kann nicht festgestellt werden. Ein Schadenersatzanspruch kann immer nur dann bestehen, wenn der Inanspruchgenommene den Schaden auch zu vertreten hat. Dies ist hier nicht der Fall. Somit sind Schadenersatzansprüche des Bauunternehmers wegen des mangelhaften Betons nicht gerechtfertigt.

<table>
<tr><td>

Merke:

Der Bauunternehmer kann gegenüber Lieferfirmen nur dann Schadenersatzansprüche geltend machen, wenn diese die Mängel bzw. einen Schaden auch zu vertreten haben.

</td></tr>
</table>

<table>
<tr><td>Angesprochene Rechtsquellen:</td></tr>
</table>

<table>
<tr><td>

§ 635 BGB
Stichwort: Betonlieferung - Rissebildung, Fertigbetonlieferung, Verdichtung
Urteil: BGH vom 26.11.1968 (VII ZR 206/66)

</td></tr>
</table>

Fall U 26 (+)

Kann der Bauherr eine Gewährleistungsbürgschaft ablehnen, die der Bauunternehmer beibringt?

Bauherr Eigenheim hat mit Bauunternehmer Baufix einen VOB-Bauvertrag geschlossen. Darin wurde vereinbart, daß der als Sicherheit einbehaltene Werklohn durch Stellung einer Gewährleistungsbürgschaft abgelöst werden kann. Kurz darauf bringt Baufix eine Bankbürgschaft bei. Allerdings hat sich die Bank eine Hinterlegungsbefugnis vorbehalten. Daraufhin lehnt Eigenheim die Annahme der Bürgschaft mit der Begründung ab, sie sei nicht nach den Vorschriften des Auftraggebers ausgestellt.

Kann Eigenheim die Annahme ablehnen?

Antwort:

In diesem Fall kann der Bauherr die Annahme nicht ablehnen. Ist in einem VOB-Bauvertrag vereinbart, daß der als Sicherheit einbehaltene Werklohn durch Stellung einer Gewährleistungsbürgschaft abgelöst werden kann, so genügt mangels ausdrücklicher, anderweitiger Vereinbarung eine vom Bauunternehmer beigebrachte Bankbürgschaft diesen Anforderungen auch dann, wenn die Bank sich eine Hinterlegungsbefugnis vorbehalten hat. Der Bauherr kann ihre Annahme nicht deshalb mit der Begründung ablehnen, sie sei nicht nach Vorschriften des Auftraggebers ausgestellt (§ 17 Nr. 4 Satz 2 VOB/B).

<table>
<tr><td>

Merke:

Der Bauherr kann eine vom Bauunternehmer beigebrachte Gewährleistungsbürgschaft auch dann nicht ablehnen, wenn die Bank sich eine Hinterlegungsbefugnis vorbehalten hat. Eine Ausnahme hiervon kann es nur geben, wenn etwas anderes im VOB-Bauvertrag vereinbart worden ist.

</td></tr>
</table>

<table>
<tr><td>Angesprochene Rechtsquellen:</td></tr>
</table>

<table>
<tr><td>

§ 17 VOB/B; § 765 ff BGB
Stichwort: Hinterlegungsvorbehalt
Urteil: OLG Köln vom 16.17.1993 (19 U 240/92)

</td></tr>
</table>

Fall U 27 (+)

Geben DIN-Normen allgemein anerkannte Regeln der Baukunst wieder?

Bauunternehmer Baufix hatte mit Eigenheim einen Bauvertrag geschlossen. Baufix war verpflichtet, das Einfamilienhaus des Eigenheim zu errichten. Schon während der Bauarbeiten zeigte sich jedoch, daß der Deckenbeton für den gewöhnlichen Gebrauch untauglich war. Eigenheim verlangt deshalb von Baufix Mängelbeseitigung. Dieser wendet ein, daß die Tauglichkeit allein deshalb schon nicht aufgehoben oder gemindert sein kann, da er sich bei der Ausführung stets nach den jeweils geltenden DIN-Normen gerichtet hat. Eigenheim meint, daß die Betondecke nicht den allgemein anerkannten Regeln der Baukunst entspreche und deshalb ein Mangel vorliege. Deshalb verlangt er weiter Mängelbeseitigung.

Zu Recht?

Antwort:
Die Tauglichkeit einer Werkleistung zu dem gewöhnlichen Gebrauch ist
nicht aufgehoben oder gemindert, wenn sie sich innerhalb der Maßabwei-
chung hält, die nach der jeweils geltenden DIN-Norm zulässig ist. Die
DIN-Normen geben zwar nicht aus sich heraus die allgemein als gültig
anerkannten Regeln der Technik wieder, vielmehr geht der Begriff der
anerkannten Regeln der Technik über die allgemeinen technischen Vorschriften hinaus, in dem letztere den ersteren unterzuordnen sind. Es besteht aber eine tatsächliche, jedoch jederzeit widerlegbare Vermutung
dafür, daß die DIN-Normen allgemein anerkannte Regeln der Baukunst
wiedergeben, so daß es Sache des Auftraggebers ist, diese Vermutung zu
erschüttern. Dabei ist es unerheblich, ob diese DIN-Normen von den
Parteien vertraglich vereinbart worden sind. Dies bedeutet, daß eine
Vermutung dafür spricht, daß kein Mangel vorliegt, dem Eigenheim jedoch jederzeit die Möglichkeit gegeben ist, nachzuweisen, daß ein Mangel tatsächlich vorliegt. Gelingt dem Eigenheim dieser Nachweis, so kann
er einen Mängelbeseitigungsanspruch geltend machen.

<table>
<tr><td>

Merke:

**Es besteht eine tatsächliche, jedoch jederzeit widerlegbare Vermu-
tung dafür, daß die DIN-Normen allgemein anerkannte Regeln der
Baukunst wiedergeben, so daß es Sache des Auftraggebers ist, diese
Vermutung zu erschüttern.**

</td></tr>
</table>

<table>
<tr><td>

Angesprochene Rechtsquellen:

</td></tr>
</table>

<table>
<tr><td>

§ 633 BGB
Stichwort: DIN-Normen - Mangel, Toleranzen
Urteil: OLG Stuttgart vom 26.08.1976 (10 U 35/76)

</td></tr>
</table>

Fall U 28 (+)

Ist die Klausel im ZVB des Auftraggebers, wonach Massenänderungen auf Einheitspreise keinen Einfluß haben, wirksam?

Bauträger Bauplan schließt mit Bauunternehmer Baufix einen VOB-Bauvertrag. In dem ZVB der Bauplan heißt es, daß Massenänderungen auf die Einheitspreise keinen Einfluß haben, weil dadurch der Auftragsumfang um nicht mehr als 20 % geändert wird. Bei den Bauarbeiten werden die vorgesehenen Masseneinheiten um 15 % überschritten. Wegen dieser Überschreitung möchte Baufix die Einheitspreise neu vereinbaren. Bauplan lehnt dies unter Hinweis auf seine ZVB-Klausel ab. Baufix hat erhebliche Bedenken bezüglich der Wirksamkeit dieser Klausel.

Zu Recht?

Antwort:

Die Bedenken des Baufix sind begründet. Die Klausel im ZVB des Auftraggebers, wonach Massenänderungen auf die Einheitspreise keinen Einfluß haben, benachteiligt den Auftragnehmer unangemessen und ist daher nach §9 AGB-Gesetz unwirksam. Grundsätzlich gilt dann die gesetzliche Regelung (§6 AGB-Gesetz), der eine Vergütungsänderung bei Mehr- und Mindermengen nicht kennt. Im Wege der ergänzenden Vertragsauslegung ist die Regelungslücke durch §2 Nr. 3 VOB/B zu schließen, wenn die Parteien die VOB/B als Vertragsgrundlage vereinbart haben. Da es sich vorliegend um einen VOB/Bauvertrag handelt, sind nach §2 Nr. 3, Abs. 2, die Einheitspreise neu zu vereinbaren.

<table>
<tr><td>

Merke:

Die Klausel des Auftraggebers, wonach Massenänderungen auf Einheitspreise keinen Einfluß haben, soweit dadurch der Auftragsumfang um nicht mehr als 20% geändert wird, ist unwirksam.

</td></tr>
</table>

<table>
<tr><td>Angesprochene Rechtsquellen:</td></tr>
</table>

<table>
<tr><td>

§ 2 Nr. 3 VOB/B; §§ 6, 9 AGB-Gesetz
Stichwort: Einheitspreisänderungen, Mengenänderungen, Ausschußklausel
Urteil: LG Bayreuth vom 16.09.1986 (3 O 438/83)

</td></tr>
</table>

Fall U 29 (+)

Wie ist der Baugrubenaushub zu berechnen?

Bauunternehmer Baufix hat für Eigenheim ein Einfamilienhaus errichtet. In einer Zwischenrechnung wird der Bauaushub berechnet. Hierbei stellt er 220,50 m³ nach DIN 18300 (1958) in Rechnung. Eigenheim meint, daß wäre zu viel, schließlich beträgt der Ausmaß des Baukörpers lediglich 200 m³.

Welche Berechnung ist die Richtige?

Antwort:

Baufix hat den Baugrubenaushub richtig berechnet. Nach den Abschnitten 5.112 und 3.051.1 Abs. DIN 18.300 in der Fassung vom Dezember 1958 ist mangels einer abweichenden Vereinbarung der Baugrubenaushub nach den Ausmaßen der Baukörper zuzüglich eines Arbeitsraumes von 50 cm Breite zu berechnen.

Merke:

Nach einer DIN-Vorschrift aus dem Jahre 1958 ist der Baugrubenaushub nach den Ausmaßen der Baukörper zuzügl. eines Arbeitsraumes von 50 cm Breite zu berechnen.

Angesprochene Rechtsquellen:

§ 14 VOB/B
Stichwort: Erdarbeiten, Abrechnung, Baugrubenaushub
Urteil: BGH vom 30.01.1975 (VII ZR 206/73)

Fall U 30 (+)

Zur Frage der Wirksamkeit von AGB-Klauseln in allgemeinen Geschäftsbedingungen des Auftraggebers.

Immobilienhändler Fischer verwendet in seinen AGB u.a. folgende Klauseln:

- *Der Auftragnehmer hat die Prüfungspflicht bezüglich der Ausschreibungsunterlagen, insbesondere der Mengenberechnung und Hinweispflicht binnen 14 Tagen nach Zuschlagserteilung.*
- *Vertragsstrafe von 0,2% je Werktag, mindestens 10,00 DM pro Werktag, höchstens 20% der Vertragssumme.*
- *Barsicherheitseinbehalt von 5% des Wertes der ausgeführten Leistungen zinslos bzw. ablösend durch Bürgschaft auf erstes Anfordern frühestens 6 Monate nach förmlicher Abnahme.*

Eines Tages schließt Fischer mit Bauunternehmer Clever einen Bauvertrag über die Errichtung eines mehrgeschossigen Wohnhauses ab. Nach Abschluß der Arbeiten und Abnahme behält Fischer eine Barsicherheit von 5% des Wertes der ausgeführten Leistungen ein. Zur Begründung verweist er auf seine AGB-Bestimmungen. Es sei eine Vertragsstrafe fällig geworden. Zur Sicherung dieser Ansprüche behält er 5% des Wertes der ausgeführten Leistungen ein. Clever bezweifelt die Wirksamkeit dieser AGB-Bestimmungen.

Antwort:
Die Klauseln sind unwirksam. Zwar gilt hier die eingeschränkte Über-
prüfbarkeit der AGB-Klauseln, da es sich auf beiden Seiten um Kaufleute
handelt. Diese Klauseln stellen jedoch einen schweren Verstoß gegen die
Grundprinzipien der Vertragsfreiheit dar, daß diese nach §9 AGB-Gesetz
unwirksam sind. Sie benachteiligen nämlich den Auftragnehmer in unan-
gemessener Weise und halten keiner Abwägung stand. Die Klauseln sind
unwirksam.

<table>
<tr><td>

Merke:

</td></tr>
<tr><td>

Folgende Klauseln in AGB sind unwirksam:
Prüfungspflicht des Auftragnehmers bezüglich der Ausschreibungs-
unterlagen, insbesondere der Mängelberechnung, und Hinweispflicht
binnen 14 Tagen nach Zuschlagserteilung.
Vertragsstrafe von 0,2% je Werktag, mindestens 10,00 DM pro
Werktag, höchstens 20% der Vertragssumme.
Bausicherheitseinbehalt von 5% des Wertes der ausgeschriebenen
Leistungen zinslos bzw. Ablösung durch Bürgschaft auf erstes An-
fordern frühestens 6 Monate nach förmlicher Abnahme.

</td></tr>
</table>

<table>
<tr><td>Angesprochene Rechtsquellen:</td></tr>
</table>

<table>
<tr><td>

§ 9 AGB-Gesetz; §§ 11, 17 VOB/B
Stichwort: AGB-Klauseln -Mengenprüfung, Vertragsstrafe, zinsloser Barsicherheitseinbehalt
Urteil: OLG Zweibrücken vom 10.03.1994 (4 U 143/93)

</td></tr>
</table>

Fall U 31 (+)

Zur Wirksamkeit von Bauvertragsklauseln.

Bauträger Bauplan schließt mit Bauunternehmer Baufix einen Bauvertrag. In den allgemeinen Geschäftsbedingungen von Bauplan heißt es: Vertragsänderungen, gleich welcher Art, werden nur mit schriftlicher Bestätigung des Auftraggebers persönlich rechtsverbindlich. Alle Vorbehalte des Auftragnehmers gelten nur beim Auftraggeber als zugegangen. Im Vertrag ist unter Auftraggeber immer der Auftraggeber persönlich und nicht der Architekt gemeint. Bei strittigen Punkten der Rechnungsprüfung und anderen Fällen werden die Feststellungen des Auftraggebers anerkannt bis zur endgültigen Feststellung durch das Schiedsgericht. Hierdurch wird kein Verzug des Auftraggebers ausgelöst. Die Vertragsstrafe kann ohne Rücksicht auf ein Verschulden verlangt werden, soweit dies gesetzlich zulässig ist. Kurz vor Bauausführung möchte Baufix den Bauvertrag noch ändern. Dazu wendet er sich an den Architekten. Dieser stimmt den Änderungsvorschlägen des Baufix zu. Aufgrund dieser Abrede führt Baufix diese Arbeiten aus. Als Bauplan diese Änderungen entdeckt, meint er die Vertragsänderung sei unwirksam (siehe AGB-Bestimmung). Daraüber hinaus mache er eine Vertragsstrafe geltend, da Baufix die Leistung nicht wie mit ihm besprochen, ausgeführt hat.
Zu Recht?

Antwort:
Bauplan kann sich nicht auf eine AGB-Bestimmung stützen. Seine Klauseln sind nämlich unwirksam. Diese Regelungen benachteiligen den Auftragnehmer (Baufix) unangemessen und sind wegen einem Verstoß gegen §9 AGB-Gesetz unwirksam. Somit kann Bauplan keine Vertragsstrafe verlangen. Darüber hinaus ist die Vertragsänderung zumindest nicht wegen einem Verstoß gegen die AGB-Klausel unwirksam. Das heißt, soweit der Architekt zur Vertretung des Bauplan bevollmächtigt war (sei es durch Rechtsgeschäft oder durch Rechtsschein) ist die Vertragsänderung wirksam.

<table>
<tr><td>

Merke:

Unwirksam sind Klauseln des Auftraggebers, soweit diese bestehende Vollmachten umgehen wollen. Des weiteren können durch allgemeine Geschäftsbedingung Verzugsansprüche des Auftragnehmers bei strittigen Punkten der Rechnungsprüfung nicht ausgeschlossen werden. Schließlich kann das Verschuldenserfordernis für eine Vertragsstrafe nicht durch AGB ausgeschlossen werden.

</td></tr>
</table>

<table>
<tr><td>

Angesprochene Rechtsquellen:

</td></tr>
</table>

<table>
<tr><td>

§ 9 AGB-Gesetz
Stichwort: Bauvertragsklauseln - Schriftform, Vertragsstrafe, Rechnungsprüfung
Urteil: LG Frankfurt vom 14.11.1991 (2/13 U 328/89)

</td></tr>
</table>

Fall U 32 (+)

Ist der Vorunternehmer gegenüber dem Bauherrn für Schäden des Nachunternehmers ersatzpflichtig, die durch seine Mängelbeseitigung entstanden sind?

Bauherr Eigenheim hat sich von Bauunternehmer Baufix den Rohbau errichten lassen. Erhebliche Mängel des Rohbaues machen jedoch eine Nachbesserung erforderlich. Durch diese Nachbesserung werden die Installationsarbeiten durch Firma Röhrich derartig behindert, daß die Arbeiten sogar für einige Zeit eingestellt werden müssen. Die Firma Röhrich stellt Eigenheim die entstandenen Stillstandskosten in Rechnung. Eigenheim verlangt nun diese Stillstandskosten vom Bauunternehmer Baufix ersetzt. Er meint, diese Stillstandskosten seien von Baufix zu vertreten und er hätte ihm diese gem. §6 Nr. 6 VOB/B zu ersetzen. Baufix hält dem jedoch entgegen, daß diese Stillstandskosten nicht durch den Mangel hervorgerufen wurden, sondern durch die erforderlich gewordenen Nachbesserungen. Insoweit sei kein hinreichender Zusammenhang zwischen Stillstandskosten und Schaden mehr zu beobachten.

Zu Recht?

Antwort:

Tatsächlich muß Baufix die Stillstandskosten nicht übernehmen. Er ist nicht zur Erstattung der Kosten verpflichtet. Vorliegend sind die Stillstandskosten durch die Nachbesserung entstanden.

<table>
<tr><td>

Merke:

Wird ein Nachfolgeunternehmer durch mangelhafte Vorunternehmerleistungen und durch anschließende Nachbesserungen behindert und kommt es dadurch zu Stillstandszeiten für den Nachfolgeunternehmer, so ist der Vorunternehmer seinem Auftraggeber gegenüber dennoch nicht zur Erstattung der entstandenen Stillstandskosten verpflichtet.

</td></tr>
</table>

Angesprochene Rechtsquellen:

§ 6 Nr. 6 VOB/B; § 278 BGB
Stichwort: Behinderungsschaden - Mangelhafte Vorunternehmerleistung
Urteil: OLG Nürnberg vom 30.12.1992 (4 U 1396/92)

Fall U 33 (+)

Muß der Bauunternehmer das Bestehen der durch die Bürgschaft gesicherten Hauptforderung beweisen?

Beppo Bürger bürgt für eine Schuld des Eigenheim gegenüber dem Bauunternehmer Baufix. Nachdem Baufix von Eigenheim keine Zahlung erhält, richtet er sich an Beppo Bürger mit einer Zahlungsaufforderung. Beppo Bürger meint jedoch, Baufix müsse zumindest schlüssig darlegen, daß eine Hauptforderung bestehe, da seine Bürgschaftsverpflichtung nur besteht, wenn auch die zugrunde liegende Hauptforderung besteht.

Zu Recht?

Antwort:

Baufix hat das Bestehen der zugrundeliegenden Hauptforderung nicht zu
beweisen. Vielmehr ist es so, daß der Bürge das Nichtbestehen der zugrundeliegenden Hauptforderung beweisen muß. Zur Klarstellung sei hier
noch einmal gesagt, daß der Bürgschaftsanspruch gegen den Bürgen nur
dann besteht, wenn auch die zugrunde liegende Hauptforderung besteht.
Für den Nachweis des Bestehens dieser Hauptforderung ist jedoch der
Bürger verantwortlich.

<table>
<tr><td>Merke:</td></tr>
<tr><td>Der Bauunternehmer ist nicht verpflichtet, schlüssig darzulegen, daß die durch die Bürgschaft gesicherte Hauptforderung besteht. Grundsätzlich ist es so, daß derjenige, der einen Vorteil aus einem bestimmten Umstand zieht, diesen Umstand zu beweisen hat.</td></tr>
</table>

<table>
<tr><td>Angesprochene Rechtsquellen:</td></tr>
</table>

<table>
<tr><td>§ 765 ff BGB
Stichwort: Bürgschaft auf erstes Anfordern
Urteil: BGH vom 28.10.1993 (IX ZR 141/93)</td></tr>
</table>

Fall U 34 (+)

Kann der Auftraggeber ohne vorherige Abnahme die Schlußzahlung verlangen?

Unternehmer Schiefer sollte auf der Südseite des Hauses von Geizig eine Schieferfassade errichten. Nach dem Abschluß seiner Arbeiten sollte Geizig das Werk abnehmen. Dieser verweigert jedoch wegen erheblicher Mängel die Abnahme des Werkes. Die Mängel der Schieferfassade begrenzen sich auf optische Beeinträchtigungen. Die Nachbesserung ist mit einem Aufwand von DM 26.000,00 verbunden. Obwohl Schiefer die Nachbesserung nicht in Angriff nahm und deshalb keine Abnahme des gesamten Werkes erfolgte, stellt er die Schlußrechnung. Geizig verweigert die Bezahlung unter Hinweis darauf, daß die Forderung des Schiefer wegen mangelnder Abnahme noch nicht fällig geworden sei. Schiefer dagegen hält an seiner Schlußrechnung fest und verlangt weiterhin Bezahlung.

Zu Recht?

Antwort:

Im vorliegenden Fall kann Schiefer tatsächlich die Schlußzahlung verlangen. Zwar wird die Forderung des Werkunternehmers regelmäßig gemäß §641 BGB fällig, wenn die geschuldete Werksache abgenommen wurde. Davon muß jedoch eine Ausnahme gemacht werden, wenn eine mangelfreie Erstellung des Werkes wegen unverhältnismäßig hohem Aufwand nicht zumutbar ist. Ein solcher unzumutbarer Fall liegt hier vor, da die Nachbesserung der Schieferfassade mit einem Aufwand von DM 26.000,00 bei Vorliegen lediglich optischer Beeinträchtigungen möglich wäre. Allerdings ist Geizig berechtigt, den Vergütungsanspruch entsprechend zu mindern.

<table>
<tr><td>Merke:</td></tr>
<tr><td>Der Auftragnehmer kann ohne vorherige Abnahme die Schlußzahlung verlangen, wenn ihm eine mängelfreie Erstellung des Werkes wegen unverhältnismäßig hohem Aufwand nicht zumutbar ist; Der Auftraggeber ist jedoch zur Minderung der Vergütung berechtigt.</td></tr>
</table>

<table>
<tr><td>Angesprochene Rechtsquellen:</td></tr>
</table>

<table>
<tr><td>§§ 12 Nr. 5, 16 Nr. 3, 13 Nr. 6 VOB/B
Stichwort: Fälligkeit - Abnahmeerfordernis, unverhältnismäßiger Aufwand
Urteil: OLG Düsseldorf vom 22.10.1993 (22 U 59/93)</td></tr>
</table>

Fall U 35 (+)

Unternehmer A und B sind gemeinsam für einen Mangel verantwortlich. A beseitigt den Mangel und verlangt Bezahlung. Kann der zahlende Bauherr vom Unternehmer B Schadenersatz verlangen?

Eigenheim bastelt an seinem Haus. Unter anderem sind die Unternehmer Eder und Röhrich bei ihm am Werke. Im Zuge dieser Gemeinschaftsarbeiten entsteht jedoch der eine und andere Mangel. Zur Beseitigung eines dieser Mängel sind Röhrich und Eder unabhängig voneinander verpflichtet. Schließlich übernimmt Eder die Mängelbeseitigung. Er stellt die Mängelbeseitigung Eigenheim in Rechnung. Eigenheim zahlt diese Rechnung. Als ihm jedoch der Sachverhalt klar wird, verlangt er vom anderen Unternehmer (Röhrich) Schadenersatz.

Zu Recht?

Antwort:

Ein Schadenersatz steht Eigenheim gegenüber Röhrich nicht zu. Zwar war Eder nicht berechtigt, die Kosten der Mängelbeseitigung zu berechnen, dies kann jedoch keinen Schadenersatzanspruch gegen den zweiten Unternehmer begründen. Die rechtliche Situation stellt sich vielmehr so dar, daß Eder von Röhrich hätte Ausgleich verlangen können, wenn das Zahlungsverlangen gegenüber Eigenheim rechtsgrundlos erfolgte. Eigenheim kann also höchstens den in Frage stehenden Betrag von Eder nach den Grundsätzen des rechtsgrundlosen Erwerbes zurückverlangen.

<table>
<tr><td>Merke:</td></tr>
<tr><td>Sind zwei Unternehmer unabhängig voneinander zur Beseitigung eines Mangels verpflichtet, so darf der den Mangel beseitigende Unternehmer seine Leistungen nicht berechnen. Zahlt der gemeinsame Auftraggeber gleichwohl eine Vergütung an diesen Unternehmer, so steht ihm gegenüber dem Unternehmer, der den Mangel nicht beseitigt hat, kein Schadenersatzanspruch zu.</td></tr>
</table>

<table>
<tr><td>Angesprochene Rechtsquellen:</td></tr>
</table>

<table>
<tr><td>§ 633 ff BGB; § 13 VOB/B
Stichwort: Gewährleistungspflicht - Nebenunternehmer, Ausgleichsanspruch
Urteil: OLG Hamm vom 29.10.1993 (26 U 21/93)</td></tr>
</table>

Fall U 36 (+)

Wer muß die Vereinbarung eines Pauschalpreises beweisen, wenn der Unternehmer nach Einheitspreisen abrechnen will?

Eigenheim hatte mit Bauunternehmer Baufix einen Bauvertrag über die Errichtung eines Eigenheimes abgeschlossen. In der von den Parteien über die Vereinbarung ausgestellten Urkunde wird von einem Cirkapreis gesprochen. Nach dem Abschluß der Arbeiten verlangt Baufix Bezahlung. Dabei verlangt er die übliche Vergütung. Diese liegt jedoch deutlich über dem Cirkapreis in o.g. Urkunde. Eigenheim verweigert die Bezahlung. Es kommt zu einem Rechtsstreit.

Wer muß nun beweisen, ob ein Pauschalpreis vereinbart wurde?

Antwort:

Will der Unternehmer nach Einheitspreis abrechnen oder die übliche Vergütung verlangen, so muß er beweisen, daß ein vom Besteller behaupteter Pauschalpreis nicht vereinbart wurde.

Beruft sich der Besteller auf die von ihm behauptete Pauschalpreisabrede auf eine von den Parteien über die Vereinbarung ausgestellte Urkunde, die auf einen Cirkapreis hinweist, so ist ein Sachvortrag widersprüchlich und in sich nicht stimmig. In diesem Fall muß der Besteller die strittige Pauschalabrede beweisen.

<u>Merke:</u>

Grundsätzlich trifft den Unternehmer die Beweislast, daß kein Pauschalpreis vereinbart wurde. Ist jedoch der Vortrag des Bestellers unschlüssig, da er auf einen Cirkapreis hinweist, so trifft ihn die Beweislast, daß ein Pauschalpreis vereinbart wurde.

Angesprochene Rechtsquellen:

§§ 631, 632 BGB
Stichwort: Pauschalpreis - Einheitspreisvertrag, Beweislast
Urteil: OLG Hamm vom 26.03.1993 (12 U 203/92)

Fall U 37 (+)

Muß der Bauunternehmer die Bodenverhältnisse prüfen, wenn in der Ausschreibung der Baugrund eindeutig nach DIN 18300 in Bodenklassen vorgegeben ist?

Protzig möchte ein Mehrfamilienhaus errichten. Dazu schließt er mit Bauunternehmer Baufix einen Bauvertrag. In der Ausschreibung war der Baugrund eindeutig nach DIN 18300 in Bodenklassen vorgegeben. Als Baufix mit den Bauarbeiten begann, mußte er feststellen, daß andere Bodenverhältnisse, als in der Ausschreibung angegeben, vorlagen. Dies führte zu erheblichen Erschwernissen. Folge davon war ein finanzieller Verlust für Baufix. Diesen wollte er von Bauherr Protzig ersetzt haben. Protzig meint jedoch, Bauunternehmer Baufix hätte selbst Baugrunduntersuchungen anstellen müssen.

Zu Recht?

Antwort:

Die Auffassung des Protzig ist falsch. Der Auftraggeber, also der Bauherr, trägt das Baugrundrisiko. Wird dazu in der Ausschreibung der Baugrund eindeutig nach DIN in Bodenklassen vorgegeben, so trifft den Bauunternehmer keine Pflicht, Erschwernisse durch andere Bodenverhältnisse einzukalkulieren. Bei Vorgabe bestimmter Bodenklassen ist der Bauunternehmer weder verpflichtet, selbst Baugrunduntersuchungen anzustellen, noch muß er sich ein Baugrundgutachten vorlegen lassen. Der Auftraggeber trägt die durch das Antreffen schwierigerer als im Leistungsverzeichnis beschriebenen Bodenklassen entstehenden Mehrkosten nach Änderungsregeln und Schadenersatzgrundsätzen.

<table>
<tr><td>

Merke:

</td></tr>
<tr><td>

Wird in einer Ausschreibung der Baugrund eindeutig in Bodenklassen vorgegeben, so braucht der Bauunternehmer Erschwernisse durch andere Bodenverhältnisse nicht einzukalkulieren. Er ist insbesondere nicht verpflichtet, sich ein Baugrundgutachten vorlegen zu lassen. Mehrkosten gehen zu Lasten des Auftraggebers, welcher das Baugrundrisiko trägt.

</td></tr>
</table>

<table>
<tr><td>Angesprochene Rechtsquellen:</td></tr>
</table>

<table>
<tr><td>

§ 2 Nr. 5 VOB/B
Stichwort: Leistungsänderung - Bodenklassen, Bodenrisiko
Urteil: OLG Hamm vom 17.02.1993 (26 U 40/92)

</td></tr>
</table>

Fall U 38 (+)

Wann ist eine Schlußrechnung nicht nach §14 Nr. 1 VOB/B prüfbar?

Eigenheim hatte sich von Bauunternehmer Baufix einen Rohbau errichten lassen. Nach Abschluß der Arbeiten stellt Baufix seine Schlußrechnung. Eigenheim hat jedoch bei der Prüfung dieser Schlußrechnung erhebliche Schwierigkeiten. Deshalb weist er die Schlußrechnung mit der Begründung der Unprüfbarkeit zurück. Baufix hält an seiner Rechnung fest und meint, Eigenheim müsse sich die besonderen Kenntnisse seines Architekten zurechnen lassen.

Zu Recht?

Antwort:

Die Auffassung des Baufix ist korrekt. Zwar kommt es grundsätzlich darauf an, ob die Rechnung für den konkreten Rechnungsempfänger prüfbar ist, dabei hat er sich jedoch regelmäßig die besonderen Kenntnisse seines Architekten zurechnen zu lassen.

<table>
<tr><td>

<u>Merke:</u>

Es gibt keinen allgemeinen Begriff der Prüfbarkeit von Rechnungen nach §14 Nr. 1 VOB/B. Eine Rechnung ist dann nicht prüfbar, wenn der konkrete Rechnungsempfänger sie nicht prüfen kann. Dabei hat er sich jedoch die besonderen Kenntnisse des von ihm beauftragten Architekten zurechnen zu lassen.

</td></tr>
</table>

Angesprochene Rechtsquellen:

§ 14 VOB/B
Stichwort: Schlußrechnung Prüfbarkeit - Architekt
Urteil: OLG München vom 03.02.1993 (27 U 232/92)

Fall U 39 (+)

Wann kann im Einzug des Auftraggebers gleichzeitig die Abnahme liegen?

Bauherr Eilig hatte sich von Bauunternehmer Fleißig ein Einfamilienhaus errichten lassen. Noch bevor es zu einer förmlichen Abnahme kam, zog Eilig ein. Bereits vor dem Einzug, aber auch danach, hat Eilig gewisse Mängel gerügt und deshalb einen Teil des Werklohns nicht bezahlt.
6 Wochen später verlangt der Bauunternehmer Fleißig die Bezahlung des restlichen Werklohns. Er ist der Auffassung, daß 6 Wochen nach dem Einzug eine Abnahme anzunehmen sei und somit der Werklohn fällig wäre.

Hat er Recht ?

Antwort:

Es ist tatsächlich so, daß hier der Bauunternehmer Fleißig im Recht ist. Das OLG Hamm hat festgestellt, daß im Einzug des Auftraggebers (Eilig) und in der Benutzung aller Räume über einen Zeitraum von 6 Wochen die Abnahme der Werkleistung zu sehen ist. Dies gilt auch dann, wenn der Auftraggeber vor und nach dem Einzug gewisse Mängel rügt und deshalb einen Teil des Werklohns nicht bezahlt.

<table>
<tr><td>

Merke:

Die nötige Abnahme einer Werkleistung kann zwar nicht schon im Einzug in das Objekt gesehen werden, wird es jedoch über einen Zeitraum von 6 Wochen genutzt, so muß hierin die Abnahme gesehen werden.

</td></tr>
</table>

Angesprochene Rechtsquellen:

§§ 640, 641 BGB
Stichwort: Abnahme, Inbenutzungnahme und Mängelrüge
Urteil: OLG Hamm vom 23.08.1994 (26 U 60/94)

Fall U 40 (+)

Kann durch AGB die Abnahme der Subunternehmerleistung von der Abnahme des Auftraggebers gegenüber dem Hauptunternehmer abhängig gemacht werden?

Bauunternehmer Lässig war beauftragt, für Fleißig ein Einfamilienhaus zu errichten. Der Auftrag umfaßte den Rohbau sowie die komplette Innenausstattung. Trotzig vergab deshalb mehrere Arbeiten an Subunternehmer. Gegenüber diesen Subunternehmern verwendete er regelmäßig die Klausel, daß deren Arbeiten erst mit der Abnahme abgenommen sein sollen. Noch bevor Fleißig das Gesamtvorhaben abnahm, verlangte der Subunternehmer Eilig Bezahlung von Trotzig. Dieser verweigerte die Bezahlung unter dem Hinweis auf seine AGB-Bestimmungen und merkte an, daß auf Grund der fehlenden Abnahme die Vergütung noch nicht fällig sei. Eilig findet sich damit nicht ab und geht dagegen vor.

Wird er Erfolg haben?

Antwort:

Diese Klausel in den AGB des Haupt- und Generalunternehmers Trotzig
ist unwirksam. Durch diese Klausel wird der Subunternehmer unverhältnismäßig benachteiligt, da er nicht wissen kann, wann seine Forderungen
fällig werden. Der Haupt- und Generalunternehmer steht wirtschaftlich in
einer besseren Position. Deshalb kann es nicht auf die Abnahme durch
den Subunternehmer ankommen.

<table><tr><td>

<u>Merke:</u>

**Eine Abnahmeregelung in dem Klauselwerk eines Haupt- und Gene-
ralunternehmers, wonach die vertragsgemäß fertiggestellte Leistung
eines Nachunternehmers erst als abgenommen gelten solle, wenn sie
im Rahmen der Abnahme des Gesamtbauvorhabens vom Auftragge-
ber des Haupt- bzw. Generalunternehmers abgenommen wird, ver-
stößt gegen §9 AGB-Gesetz und ist unwirksam. Eine solche Klausel
greift darüber hinaus in den Kernbereich der VOB/B ein.**

</td></tr></table>

<table><tr><td>Angesprochene Rechtsquellen:</td></tr></table>

<table><tr><td>

§§ 12 VOB/B; 923 AGB-Gesetz
Stichwort: Abnahme, Subunternehmerleistung
Urteil: BGH vom 17.11.1994 (VII ZR 245/93)

</td></tr></table>

Fall U 41 (+)

Ist eine AGB-Klausel, wonach ein Gewährleistungseinbehalt nur durch die Vorlage einer Bürgschaft auf erstes Anfordern abgelöst werden kann, wirksam?

Bauunternehmer Fuchs arbeitet regelmäßig mit Subunternehmern zusammen. Diese Subunternehmer übernehmen die verschiedensten Arbeiten. Regelmäßig werden die Vertragsbedingungen des Fuchs in die Verträge einbezogen. Darin heißt es u.a., daß der Subunternehmer den Gewährleistungseinbehalt durch Vorlage einer Bürgschaft auf erstes Anfordern ablösen kann. Eines Tages will sich der Subunternehmer Fleißig nicht mehr damit abfinden, daß Fuchs regelmäßig einen Gewährleistungseinbehalt zurückbehält. Darüber hinaus ist er jedoch nicht bereit, eine Bürgschaft auf erstes Anfordern beizubringen, da er meint, daß ihn eine solche Bürgschaft unangemessen benachteiligen würde.

Er möchte deshalb wissen, ob eine solche Klausel wirksam ist.

Antwort:

Eine solche Klausel ist unwirksam. Sie benachteiligt den Subunternehmer entgegen den Geboten von Treu und Glauben unangemessen und ist mit wesentlichen Grundgedanken der gesetzlichen Regelung des Rechts der Bürgschaft nicht vereinbar.

<table>
<tr><td>Merke:</td></tr>
<tr><td>Eine AGB-Klausel, wonach ein Gewährleistungseinbehalt nur durch Vorlage einer Bürgschaft auf erstes Anfordern abgelöst werden kann, ist unwirksam.</td></tr>
</table>

Angesprochene Rechtsquellen:

§§767 BGB; 9 AGB-Gesetz
Stichwort: AGB-Klausel, Bürgschaft auf erstes Anfordern
Urteil: AG Nidda vom 13.10.1994 (1C 466/94)

Fall U 42 (+)

Kann der Bauherr dem Unternehmer kündigen, wenn dieser den Beginn der Ausführungen verzögert?

Eigenheim möchte sich ein neues Einfamilienhaus errichten lassen. Dazu schließt er mit Bauunternehmer Penibel einen Bauvertrag. Eigenheim muß den vorgesehenen Baubeginn aus persönlichen Gründen verschieben. Dies teilt er Penibel mit. Daraufhin fordert dieser eine höhere Vergütung. Damit ist nun wiederum Eigenheim nicht einverstanden. Er setzt Penibel eine Frist, innerhalb derer er mit den Bauarbeiten beginnen müsse. Ansonsten werde er kündigen. Als die Frist abgelaufen war, kündigt er. Penibel läßt sich dadurch nicht schrecken. Er meint, die Kündigung sei unwirksam und wenn jemand ein Kündigungsrecht habe, dann doch wohl er.

Kann Eigenheim den Vertrag kündigen?

Antwort:

Eigenheim kann den Vertrag nicht kündigen. Zwar liegen die formalen Voraussetzungen einer Kündigung gemäß §8 Nr. 3 VOB/B vor, allerdings fehlt der Kündigungsgrund. Vorliegend verlangt Penibel berechtigterweise eine Vergütungsanpassung gemäß §2 Nr. 5 VOB/B, da Eigenheim eine Verschiebung des Baubeginns angeordnet hat, und die Gründe hierfür in seinem Risikobereich liegen. Somit besteht für Eigenheim kein Kündigungsrecht. Vielmehr ist die Überzeugung des Penibel richtig, wonach dieser ein Kündigungsrecht hat.

<u>Merke:</u>

Verlangt der Auftragnehmer berechtigterweise eine Vergütungsanpassung gemäß §2 Nr. 5 VOB/B oder aufgrund anderer Bestimmungen, und lehnt dies der Auftraggeber endgültig ab, so ist es ihm nicht zuzumuten, mit den Arbeiten zu beginnen. Umgekehrt ist der Auftraggeber nicht berechtigt, gemäß §8 Nr. 3 VOB/B den Vertrag zu kündigen.

Der Auftragnehmer kann Vergütungsanpassung verlangen, wenn der Auftraggeber eine Verschiebung des Baubeginns anordnet und die Gründe hierfür in seinem Risikobereich liegen.

Angesprochene Rechtsquellen:

§§ 2 Nr. 5, 6 Nr. 6, 8 Nr. 3 VOB/B
Stichwort: Bauzeitverschiebung - Vergütungsänderung, Kündigung
Urteil: OLG Düsseldorf vom 27.06.1995 (21 U 219/94)

Fall U 43 (+)

Ist eine Frist zur Nachbesserung von Mängeln entbehrlich, wenn der Unternehmer im Prozeß das Vorhandensein der Mängel bestreitet?

Bauherr Eigenheim hatte mit Bauunternehmer Bau-Fix einen Bauvertrag geschlossen. An dem errichteten Bauwerk muß Eigenheim einige Mängel feststellen. Er verlangte deshalb von Bau-Fix die Beseitigung. Allerdings setzte er hierzu keine Frist. Wie sich im Prozeß herausstellte, war dies sehr nachteilig für ihn. Für einen wirksamen Mängelbeseitigungsanspruch aus §634 BGB hätte er dem Bau-Fix eine angemessene Frist zur Mängelbeseitigung setzen müssen. Eigenheim verlor diesen Prozeß. In dem Prozeß konnte der Eindruck entstehen, daß es Bau-Fix nicht auf eine Fristsetzung ankam, es entstand vielmehr der Eindruck, daß er eine Mängelbeseitigung ablehne. Muß Eigenheim dennoch eine Frist zur Mängelbeseitigung setzen?

Antwort:

Eigenheim muß hier tatsächlich eine Frist setzen. Eine Frist nach §634 1 BGB, innerhalb welcher der Unternehmer die Mängel beseitigen muß, ist nur dann entbehrlich, wenn er endgültig und ernsthaft die Mängelbeseitigung verweigert. Dies kann aber nicht allein schon daraus geschlossen werden, daß er den Eindruck erweckt, als wäre die Fristbestimmung als reine Förmlichkeit überflüssig. Notwendig ist vielmehr, daß weitere Umstände hinzutreten, die im einzelnen Fall darauf schließen lassen, daß die Mängelbeseitigung endgültig verweigert wird.

<table>
<tr><td>

Merke:

Das lediglich prozentuale Bestreiten von Mängel durch den Auftragnehmer macht die gemäß §634 1 1 BGB erforderlich Fristbestimmung für die Nachbesserung und eine Ablehnungsandrohung durch den Auftraggeber im allgemeinen nicht entbehrlich.

</td></tr>
</table>

<table>
<tr><td>Angesprochene Rechtsquellen:</td></tr>
</table>

<table>
<tr><td>

§ 634 BGB
Stichwort: Fristsetzung - Ablehnungsandrohung, Entbehrlichkeit
Urteil: OLG Düsseldorf vom 16.03.1995 (5 U 72/94)

</td></tr>
</table>

Fall U 44 (+)

Muß der Unternehmer Bedenken gegen eine Leistungsausführung anmelden, wenn der Bauherrn die fehlerhafte Leistung in Kauf nimmt?

Eigenheim hat den Ingenieur Berechnix mit der Planung seines Eigenheims betraut. Bei der Durchsicht der Pläne wurde Eigenheim klar, daß die Leistung des Berechnix fehlerhaft war. Dennoch beauftragt er den Bauunternehmer Baufix mit der Verwirklichung dieser Pläne. Dieser führt die entsprechenden Arbeiten aus. Als nun das Gebäude steht, ist Eigenheim enttäuscht. Die Mängel haben sich größer ausgewirkt, als er dachte. Er verlangt nun Schadenersatz vom planenden Berechnix.

Zu Recht?

Antwort:
Hier hat Eigenheim keinen Schadenersatzanspruch. Aufgrund der Inkaufnahme der fehlerhaften Leistung steht ihm ein Schadenersatzanspruch gegen Berechnix nicht zu. Da er die fehlerhafte Leistung in Kauf genommen hat, scheidet auch eine Pflicht des Bauunternehmers aus, ihm seine Bedenken gemäß §4 Nr. 3 VOB/B anzumelden. Das bedeutet, sowohl ein Schadenersatzanspruch gegen den Ingenieur als auch ein Schadenersatzanspruch gegen den Bauunternehmer scheiden aus.

<table>
<tr><td>

Merke:

</td></tr>
<tr><td>

Ein Schadenersatzanspruch aus §635 BGB gegen den planenden Ingenieur scheidet aus, wenn der Bauherr die fehlerhafte Leistung in Kauf genommen hat. In diesem Fall ist auch der Bauunternehmer nicht verpflichtet, gemäß §4 Nr. 3 VOB/B Bedenken anzumelden.

</td></tr>
</table>

<table>
<tr><td>Angesprochene Rechtsquellen:</td></tr>
</table>

<table>
<tr><td>

§§ 635 BGB; 4 Nr. 3 VOB/B
Stichwort: Ingenieurhaftung - Planungsfehler, Kenntnis des Bauherrn, Hinweispflicht
Urteil: OLG Stuttgart vom 02.02.1994 (1 U 195/92)

</td></tr>
</table>

Fall U 45 (+)

Was ist die Folge, wenn der Auftraggeber dem Unternehmer kündigt und ihn auffordert, die Baustelle sofort zu verlassen?

Eigenheim hatte mit Bauunternehmer Schlampig einen Bauvertrag abgeschlossen. Bevor Schlampig jedoch die Arbeiten beendigen konnte, wurde ihm vom Eigenheim gekündigt, da dieser mit der Ausführung der Bauarbeiten nicht einverstanden war. So bemängelte Eigenheim insbesondere die vielen Mängel. Allerdings hatte Schlampig bereits mit erfolgversprechenden Nachbesserungen begonnen. Eigenheim wendet sich an einen anderen Unternehmer, der die Mängel beseitigt. Die Kosten für diese Nachbesserungen möchte er nun von Schlampig ersetzt haben. Des weiteren lehnt er die inzwischen von Schlampig eingegangene Schlußrechnung wegen mangelnder Fälligkeit ab.

Zu Recht?

Antwort:

Es ist zu beachten, daß der Auftragnehmer auch im Falle vorzeitiger Beendigung des Bauvertrages grundsätzlich verpflichtet und berechtigt bleibt, Mängel der von ihm erstellten Werkteile zu beseitigen. Wird er daran gehindert, so entfällt dessen Vorleistungspflicht, weshalb er uneingeschränkt Zahlung des Werklohn verlangen kann. Dieser Forderungen steht auch nicht die fehlende Fälligkeit entgegen, da es nach Kündigung durch den Bauherrn der Abnahme nicht mehr bedarf. Ebenso ist ein Anspruch auf Nachbesserungskosten nach Kündigung ausgeschlossen. Ein solcher Anspruch würde Eigenheim nur dann zustehen, wenn er die Voraussetzungen der §§4 Nr. 7, 8 Nr.4 VOB/B eingehalten hätte, d.h. er hätte dem Auftraggeber vor Kündigung eine angemessene Frist zur Beseitigung der Mängel setzen müssen und gleichzeitig erklären müssen, daß er ihm nach fruchtlosem Ablauf der Frist den Auftrag entziehe. Dies hat er nicht getan, so daß ein Anspruch auf Nachbesserungskosten nicht bestehen kann.

<u>Merke:</u>

Wenn der Auftraggeber kündigt und den Auftragnehmer auffordert, die Baustelle sofort zu verlassen, entfällt die Vorleistungspflicht des Auftragnehmers. Er kann sofort Zahlung des Werklohnes verlangen. Ebenso besteht nach der Kündigung kein Anspruch mehr auf Bevorschußung von Nachbesserungskosten. Zur Fälligkeit des Werklohnes bedarf es auch nicht der Abnahme bzw. der Abnahmefähigkeit.

Angesprochene Rechtsquellen:

---

§§ 4 Nr. 7, 8 Nr. 3 VOB/B
Stichwort: Kündigung - Fällig.Vergütungsanspr.,Nachbesserungskosten
Urteil: OLG Düsseldorf vom 29.10.1993 (22 U 318/92)

Fall U 46 (+)

Berührt die außerordentliche Kündigung durch den Auftraggeber den Werklohnanspruch des Auftragnehmers?

Eigenheim hatte mit Bauunternehmer Baufix einen Bauvertrag geschlossen. Aus berechtigten Gründen kündigt Eigenheim Baufix außerordentlich. Daraufhin stellt Baufix eine normale Schlußrechnung für die erbrachtenTeilleistungen. Eigenheim verweigert die Bezahlung, da das Werk nicht frei von Mängeln sei und es im übrigen für ihn nicht mehr von Wert sei. Baufix bestreitet das Vorliegen von Mängeln. Darüber hinaus müsse Eigenheim nachweisen, daß das Teilwerk für ihn ohne Wert sei.

Wie ist die Rechtslage?

Anwort:

Grundsätzlich ist es so, daß der Werklohnanspruch des Baufix für die erbrachten Leistungen unberührt bleibt. Behauptet der Auftraggeber, hier Eigenheim, das Vorliegen von Mängeln, so hat der Unternhemer (Baufix) die <u>Mängelfreiheit</u> zu beweisen. D. h., Eigenheim kann seine Zahlungen zunächst teilweise verweigern, bis der Bauunternehmer Baufix die Mängel beseitigt hat. Der Bauunternehmer muß jedoch <u>nicht</u> beweisen, daß das Objekt für den <u>Auftraggeber</u> von Wert ist.

<table>
<tr><td><u>Merke:</u></td></tr>
<tr><td>

Eine außerordentliche Kündigung eines Werkvertrages durch den Besteller berührt den Werklohnanspruch des Unternehmers für den bis zur Kündigung erbrachten Teil der Werkleistung grundsätzlich nicht. Den Unternehmer trifft in einem solchen Fall die Beweislast dafür, daß das Teilwerk als solches frei von Mängeln ist; daß es für den Besteller von Wert ist, muß er nicht beweisen.

</td></tr>
</table>

<table>
<tr><td>Angesprochene Rechtsquellen:</td></tr>
</table>

<table>
<tr><td>

§ 649 BGB
Stichwort: Kündigungsfolgen - Beweislast für Mängel
Urteil: BGH vom 25.03.1993 (X ZR 17/92)

</td></tr>
</table>

Fall U 47 (+)

Ist der Auftraggeber zur Kündigung berechtigt, weil der Auftragnehmer Arbeiten einstellt, da eine vorgesehene Vereinbarung nicht in der im Bauvertrag vorgesehenen Frist zustande kommt?

Eigenheim hat mit Bauunternehmer Baufix einen VOB-Bauvertrag geschlossen. In diesem Vertrag wird vereinbart, daß für erforderliche Mehrleistungen eine gesonderte Vergütung vereinbart werden muß. Eine solche Vereinbarung ist innerhalb einer Woche zu treffen. Tatsächlich werden für notwendige Vorarbeiten Mehrleistungen erforderlich. Baufix strebt deshalb eine Vereinbarung mit Eigenheim über die Vergütung dieser Mehrleistungen an. Als innerhalb einer Woche eine Einigung über die Vergütung dieser Mehrleistungen nicht zustande kommt, stellt Baufix die Arbeiten ein. Eigenheim setzt Baufix eine Frist zur Wiederaufnahme der Arbeiten. Diese Frist verstreicht , weil Baufix nicht ohne eine Vergütungsvereinbarung Leistung erbringen möchte. Daraufhin kündigt Eigenheim entsprechend §8 Nr. 3 Abs. 1 VOB/B, da er meint, es liege eine zur Kündigung berechtigende grobe Vertragsverletzung vor. Dieser Kündigung widersetzt sich Baufix.

Zu Recht?

Antwort:
Baufix widersetzt sich hier der Kündigung zurecht. Wird im Bauvertrag
vereinbart, daß binnen einer Woche eine Vereinbarung über die gesonderte Vergütung erforderlichen Mehrleistungen für die notwendigen Vorarbeiten getroffen werden muß und kommt eine solche nicht fristgerecht
zustande, so ist es dem Bauunternehmer nicht zuzumuten, die Arbeiten
fortzuführen. Um dieses Recht des Bauunternehmers auch durchsetzen zu
können, kann der Bauherr nicht berechtigt sein, den Bauvertrag zu kündigen, wenn der Bauunternehmer seine Bauarbeiten aus diesem Grunde
einstellt.

<table>
<tr><td>

<u>Merke:</u>

**Eine zur Kündigung entsprechend §8 Nr. 3 Abs.1 VOB/B berechti-
gende grobe Vertragsverletzung liegt nicht vor, wenn der Auftrag-
nehmer seine Arbeit einstellt, weil eine im Bauvertrag binnen einer
Woche vorgesehene Vereinbarung über die gesonderte Vergütung
erforderlicher Mehrleistungen für die notwendigen Vorarbeiten nicht
fristgerecht zustande kommt.**

</td></tr>
</table>

<table>
<tr><td>Angesprochene Rechtsquellen:</td></tr>
</table>

<table>
<tr><td>

§§ 8 Nr. 3, 2 Nr. 6 VOB/B
Stichwort: Kündigungsgrund - Arbeitseinstellung wegen fehlender Nachtragsvereinbarung
Urteil: OLG Düsseldorf vom 03.12.1993 (22 U 117/93)

</td></tr>
</table>

Fall U 48 (+)

Ist §16 Nr. 5 Abs. 3 VOB/B, wonach dem Unternehmer ein pauschaler Verzugsschaden in Höhe von 1% über dem Lombardsatz zusteht, wirksam?

Eigenheim hatte mit Bauunternehmer Baufix einen VOB/B-Bauvertrag geschlossen. Dem Vertrag werden die AGBs des Baufix zugrunde gelegt. Nach einer Klausel dieser AGBs sollte §16 Nr. 5 III VOB/B gelten. Nachdem Eigenheim trotz Fälligkeit eine Rechnung des Baufix nicht bezahlt hat, setzt dieser ihm eine Nachfrist von 4 Wochen. Diese Frist muß vorliegend als angemessen betrachtet werden. Trotzdem kann Baufix innerhalb dieser Nachfrist keinen Zahlungseingang vermelden. Daraufhin stellt er die Arbeiten ein. Desweiteren verlangt er von Eigenheim neben seiner Forderung aus dem Vertrag Zinsen für den Zahlungsverzug in Höhe von 1% über dem Lombardsatz. Baufix beruft sich hierbei auf §16 Nr. 5 Abs. 3. Damit ist Eigenheim, der grundsätzlich zahlungswillig ist, nicht einverstanden. Er meint, er sei gerne zur Zahlung des Forderungsbetrages bereit. Der Zinsanspruch sei jedoch unbegründet.

Zu Recht?

Antwort:

Eine Unwirksamkeit des §16 Nr. 5 Abs. 3 VOB/B kann nicht festgestellt werden. Diese Vorschrift muß an §11 Nr. 5 AGB-Gesetz gemessen werden. Hinsichtlich des §11 Nr. 5 a AGB-Gesetz scheidet ein Verstoß bereits deswegen aus, weil der in der VOB pauschal festgelegte Zinsanspruch nicht den nach dem gewöhnlichen Lauf der Dinge zu erwartenden Schaden übersteigt.

Dies gilt in ähnlicher Weise für §11 Nr. 5 b AGB-Gesetz, weil der Auftraggeber auch angesichts der bereits gesetzlich vorliegenden Zinssätze von 4 bzw. 5% in §288 Abs. 1 BGB und 352 HGB niemals nachweisen kann, daß kein Verzugsschaden entstanden ist. Im übrigen kann auch kein <u>wesentlich</u> niedrigerer Verzugsschaden entstehen als nach der Pauschale in §16 Nr. 5, Abs. 3, Satz 2, VOB/B, da selbst in Zeiten niedriger Verzinsung zumindest dieser Zinssatz erreicht wird.

<u>Merke:</u>

Die Zinsregelung in §16 Nr. 5 Abs. 3 VOB/B (1% über Lombardsatz) verstößt nicht gegen §11 Nr. 5 AGB-Gesetz.

Angesprochene Rechtsquellen:

---

§ 16 Nr. 5 VOB/B; § 11 Nr. 5 AGB-Gesetz
Stichwort: VOB Zinsen, Verstoß gegen AGB-Gesetz
Urteil: OLG Hamm vom 13.01.1995 (12 U 84/94)

Fall U 49 (+)

Wann kann der Unternehmer, dem ein Auftrag gemäß §8 Nr. 3 VOB/B entzogen wurde, Abnahme verlangen?

Bauunternehmer Baufix hatte mit Bauherr Eigenheim einen VOB-Werkvertrag über die Errichtung eines Hauses geschlossen. Nach einigen Differenzen hat Eigenheim Baufix den Auftrag gemäß §8 Nr. 3, VOB/B (fruchtloser Fristablauf sowie Androhung der Auftragsentziehung), entzogen. Baufix fragt sich nun, wann er seine Rechnung stellen kann bzw. muß und wann er Aufmaß und Abnahme seiner Leistungen verlangen kann.

Antwort:

Wird dem Unternehmer der Auftrag gemäß §8 Nr. 3 VOB/B entzogen, so hat er gemäß §8 Nr. 6 VOB/B unverzüglich eine prüfbare Rechnung über die ausgeführten Leistungen vorzulegen und kann alsbald Aufmaß und Abnahme seiner Leistungen verlangen.

<u>Merke:</u>

Nach §8 Nr. 6 VOB/B kann der Auftragnehmer Aufmaß und Abnahme der von ihm ausgeführten Leistungen alsbald nach der Kündigung verlangen. Er hat unverzüglich eine prüfbare Rechnung über die ausgeführten Leistungen vorzulegen.

Angesprochene Rechtsquellen:

§ 8 Nr. 3 VOB/B
Stichwort: Pauschalpreis-Vertrag, Kündigung, Abrechnung
Urteil: OLG Köln vom 10.11.1993 (11 U 181/92)

Fall U 50 (+)

Wann kann der Unternehmer den vereinbarten Pauschalpreis seiner tatsächlichen Leistungserbringung anpassen?

Bauherr Geizig hatte mit Bauunternehmer Baufix einen VOB-Bauvertrag geschlossen. Darin wurde ein Pauschalpreis vereinbart. Dieser Vereinbarung lag unter anderem ein vom Geizig aufgestelltes Leistungsverzeichnis über die benötigten Mengen von Baumaterial zugrunde. Es zeigte sich jedoch, daß dieses Leistungsverzeichnis zu geringe Mengenansätze enthielt. Deshalb wurde die Gesamtauftragssumme um 20% überschritten. Baufix verlangt deshalb Anpassung der Vergütung. Er beruft sich insbesondere auf §2 Nr. 7 Abs. 1 VOB/B, wonach eine Anpassung des Pauschalpreises dann möglich ist, wenn ein Festhalten an der vereinbarten Summe nicht zumutbar im Sinne von §242 BGB ist. Geizig meint, daß diese Voraussetzungen noch nicht vorliegen würden.

Zu Recht?

Antwort:

Geizig irrt hier. Im vorliegenden Fall kann Baufix tatsächlich die vereinbarte Summe anpassen. Ein Festhalten an der Pauschalsumme ist dann nicht zumutbar im Sinn von §242 BGB, wenn zwischen der Gesamtbauleistung und dem Pauschalpreis ein unerträgliches Mißverhältnis entsteht und im einzelnen Fall der Risikorahmen überschritten wird, den die Parteien durch den Pauschalvertrag bewußt eingegangen sind. Im allgemeinen liegen diese Voraussetzungen vor, wenn die Gesamtauftragssumme um 20% überschritten wird. Dabei wirkt sich zu Lasten des Auftraggebers aus, wenn er wie hier in zurechenbarer Weise ein Leistungsverzeichnis aufgestellt hat, das zu geringe Mengenansätze enthält.

<table>
<tr><td>

Merke:

Mengenänderungen und Änderungen des Umfanges der Werkleistung sind nach Treu und Glauben gemäß §2 Nr. 7 Abs. 1 VOB/B zu berücksichtigen. So ist ein Festhalten an der Pauschalsumme dann nicht zumutbar, wenn zwischen der Gesamtbauleistung und dem Pauschalpreis ein unerträgliches Mißverhältnis entsteht. Dies liegt im allgemeinen dann vor, wenn die Gesamtauftragssumme um 20% überschritten wird.

</td></tr>
</table>

Angesprochene Rechtsquellen:

§ 242 BGB; § 2 Nr. 7 VOB/B
Stichwort: Pauschalvertrag, Änderung der Geschäftsgrundlage
Urteil: OLG Düsseldorf vom 22.12.1994 (5 U 302/93)

Fall U 51 (+)

Werden später geforderte Zusatzarbeiten von einem Pauschalpreis erfaßt?

Bauherr Geizig hat mit Bauunternehmer Baufix einen VOB-Bauvertrag geschlossen. Darin wurde eine Pauschalvergütung vereinbart. Dieser Vergütung lag eine Leistungsbeschreibung zugrunde. Als Baufix mit den Arbeiten begonnen hat, nimmt Geizig einige Änderungen vor. Diese Änderungen sind zum Teil von der Leistungsbeschreibung nicht gedeckt, d. h., die zunächst vorgesehenen Arbeiten werden um 1 bis 2 Punkte erweitert. Baufix führt entsprechend aus und verlangt in seiner Schlußrechnung für die von der Leistungsbeschreibung nicht gedeckten erbrachten Leistungen eine über den Pauschalpreis hinausgehende Vergütung. Geizig weigert sich, dies zu bezahlen, da er meint, es sei ein Pauschalpreis vereinbart gewesen, und mehr möchte er auch nicht bezahlen.

Kann Baufix tatsächlich mehr verlangen?

Antwort:

Baufix kann hier in der Tat mehr verlangen. Grundsätzlich ist es so, daß später geforderte Zusatzarbeiten von einem Pauschalpreis nicht erfaßt werden. Für die Abgrenzung zwischen unmittelbar vertraglich geschuldeten und zusätzlichen Leistungen kommt es darauf an, ob die Leistungsbeschreibung die zusätzlich berechneten Leistung bereits enthält. Hier waren die zusätzlichen Leistungen jedoch gerade nicht von der Leistungsbeschreibung gedeckt, so daß Baufix die erbrachten Mehrleistungen extra vergütet verlangen konnte.

<table>
<tr><td>

<u>Merke:</u>

Haben die Parteien bei einem Pauschalvertrag die geschuldete Leistung wie hier durch Angaben im Leistungsverzeichnis näher bestimmt, so werden später geforderte Zusatzarbeiten vom Pauschalpreis nicht erfaßt. Maßgebend ist, ob die Leistungsbeschreibung die zusätzlich erbrachten Leistungen bereits enthält.

</td></tr>
</table>

<table>
<tr><td>Angesprochene Rechtsquellen:</td></tr>
</table>

<table>
<tr><td>

§§ 631 BGB; 2 Nr. 7 VOB/B
Stichwort: Pauschalvertrag, Leistungsumfang, Zusatzleistungen
Urteil: BGH vom 15.12.1994 (VII ZR 140/93)

</td></tr>
</table>

Fall U 52 (+)

Ist die AGB-Klausel „Gewährleistung nach VOB" wirksam?

Bauunternehmer Roh sollte für die Schöner Wohnen GmbH den Rohbau der neuen Wohnanlage Ost errichten. Dem Bauvertrag lag der Entwurf der Firma Roh zu Grunde. In deren Allgemeinen Geschäftsbedingungen hieß es, daß sich die Gewährleistung nach VOB richten werde. Doch schon einige Zeit später zeigten sich einige Mängel. Dennoch vergingen über 2 Jahre, bis diese Mängel gerügt wurden. Roh verweigerte die Mängelbeseitigung. Er verwies auf die VOB/B, wonach Gewährleistungsansprüche an Bauwerken innerhalb von 2 Jahren verjähren. Diese VOB sei durch seine Allgemeinen Geschäftsbedingungen vereinbart gewesen.

Zu Recht?

Antwort:

Roh kann sich hier nicht auf die Gewährleistung nach VOB stützen. Diese Klausel ist unwirksam. Daran ändert sich auch dann nichts, wenn, wie hier, beide Vertragspartner Kaufleute sind. Gemäß §24 AGB-Gesetz findet eine Inhaltskontrolle von Allgemeinen Geschäftsbedingungen, die gegenüber einem Kaufmann verwendet werden, nicht nach den Allgemeinen Bestimmungen des AGB-Gesetzes statt. Davon unberührt bleibt die Überprüfung anhand der Generalklauseln des §9 des AGB-Gesetzes. Dabei kommt es darauf an, ob der Kunde vom Verwender durch die Verwendung der Allgemeinen Geschäftsbedingung unangemessen benachteiligt wird. Das OLG Düsseldorf hat im obigen Fall festgestellt, daß eine solche unangemessene Benachteiligung besteht, wenn die gesetzlichen Gewährleistungsfristen erheblich verkürzt werden und die VOB/B nicht als Ganzes vereinbart ist. Wenn sich also der Verwender der Allgemeinen Geschäftsbedingungen die „Rosinen" aus der VOB herausgucken möchte.

Merke:

Die vom Auftragnehmer in seinem Angebot enthaltene Klausel „Gewährleistung nach VOB" ist auch dann unwirksam, wenn beide Vertragspartner Kaufleute sind, da diese Klausel die gesetzliche Gewährleistungsfrist im Sinne des §9 AGB-Gesetz unangemessen verkürzt und die VOB/B nicht als Ganzes vereinbart ist.

Angesprochene Rechtsquellen:

§ 638 BGB; § 13 VOB/B; §§ 2, 9 AGB-Gesetz
Stichwort: AGB-Klausel, Gewährleistung nach VOB
Urteil: OLG Düsseldorf vom 29.07.1994 (21 U 47/94)
Fundstelle: Baurecht 1994, 762

Fall U 1 (-)

Kann der mit der Einholung eines Angebotes beauftragte Architekt gegenüber dem anbietenden Unternehmer als zur Auftragsvergabe bevollmächtigt gelten?

Bauherr Eigenheim hat mit Architekt Geschäftig einen Architektenvertrag geschlossen. Eigenheim beauftragt Geschäftig mit der Einholung von Angeboten von Bauunternehmern. Geschäftig macht sich sogleich an die Arbeit und gerät dabei an Bauunternehmer Baufix. Dieser unterbreitet Geschäftig ein äußerst günstiges Angebot. Geschäftig meint, ein solch günstiges Angebot kann man nicht abschlagen und Eigenheim wird damit zufrieden sein. Er schließt deshalb im Namen des Eigenheim mit Baufix einen Bauvertrag ab. Eigenheim hat bereits mit einem anderen Bauunternehmer einen Vertrag geschlossen. Daraufhin wendet sich Eigenheim an Baufix und teilt ihm mit, daß der Architekt Geschäftig zur Auftragsvergabe nicht bevollmächtigt war und somit kein Bauvertrag zustande gekommen ist. Baufix möchte nun Ersatz. Er möchte wissen, ob er vom Bauherrn Eigenheim oder vom Architekten Geschäftig Ersatz verlangen kann.

Antwort:

Baufix stehen keine Ansprüche zu. Zum einen sind Ansprüche gegen Eigenheim nicht entstanden, da der Architekt Geschäfig keine Vertretungsmacht für den Abschluß eines Vertrages hatte. Auch durch die Beauftragung zur Einholung eines Angebotes kann er im Rechtsverkehr nicht als ermächtigt gelten, Verträge abzuschließen. Auch eine Haftung des Bauherrn aus Verschulden bei Vertragsabschluß (c.i.c.) scheidet aus, da Geschäfig ohne Wissen des Eigenheim handelte. Darüber hinaus stehen Baufix auch gegen den Architekten Geschäfig keinerlei Ansprüche zu. Es ist die Pflicht des Bauunternehnmers, der einen Auftrag direkt von einem Architekten erhält, sich im Zweifel über die Vollmacht des Architekten zu erkundigen. Tut er dies nicht, so kann er keine Bezahlung verlangen. Dem liegt zugrunde, daß der im Baugewerbe tätige Unternehmer wissen muß, daß den Vertragsbeziehungen zwischen Bauherr und Architekten gewöhnlich die Einheitsarchitektenverträge zugrunde liegen und daß diese gerade keine Bevollmächtigung zur Auftragsvergabe vorsehen.

<table>
<tr><td>

 Merke:

</td></tr>
<tr><td>

Will der Bauunternehmer mit einem Architekten als Vertreter einen Vertrag abschließen, so ist es seine Pflicht, zu prüfen, ob der Architekt auch bevollmächtigt ist, diesen Vertrag abzuschließen. Tut er dies nicht, ist der Vertrag unwirksam. Darüber hinaus bestehen keinerlei Schadenersatzansprüche.

</td></tr>
</table>

<table>
<tr><td>Angesprochene Rechtsquellen:</td></tr>
</table>

<table>
<tr><td>

§§ 164, 179 BGB
Stichwort: Architektenvollmacht - Anscheinsvollmacht, Vertreterhaftung, Einheitsarchitektenvertrag
Urteil: OLG Köln vom 03.04.1992 (19 U 191/91)

</td></tr>
</table>

Fall U 2 (-)

Ist der Architekt schadenersatzpflichtig, wenn der Rohbauunternehmer einen echten Hausschwamm verschuldet hat?

Ein Gemeindesaal in Obermeiselstein sollte renoviert werden. Architekt Schlampig übernahm die Planung, Bauunternehmer Gläubig sollte den Rohbau erstellen. Beim Umbau des alten Pfarrsaales sollten nur die Außenwände erhalten bleiben. Gläubig hat in den nicht unterkellerten Teil eine Stahlbetonplatte eingebracht. Im unbelüfteten Hohlraum mit Erdberührung hat er Kant- und Schalhölzer, die er zur Herstellung der Stahlbetonplatte benötigt hatte, belassen. Dadurch wurde das Gebäude von einem echten Hausschwamm befallen. Ist der Architekt für diesen Schaden ersatzpflichtig und kann er gegebenenfalls vom Bauunternehmer Ausgleich verlangen?

Antwort:

Ein Schadenersatzanspruch gegen den Architekten ist dann gegeben, wenn dieser die Bauleitung innehatte und dies in der entsprechenden Position des Leistungsverzeichnisses ausgeschrieben hat. Hat jedoch der Bauunternehmer nach Fertigstellung der Stahlbetonplatte gefragt, ob er die Schalung als sog. verlorene Schalung an Ort und Stelle belassen könne und der Architekt dies bejaht, so ist zweifelsfrei ein Schadenersatzanspruch gegen den Architekten gegeben. In diesem Fall entfällt auch ein Ausgleichsanspruch des Architekten gegen den Rohbauunternehmer. Der Architekt ist im Rahmen des Gesamtschutzverhältnisses gem. §426 BGB wesentlich allein verantwortlich.

<table><tr><td>

Merke:

Für echten Hausschwamm kann auch der Architekt schadenersatzpflichtig sein. Dies gilt auch dann, wenn der Bauunternehmer diesen Hausschwamm zu vertreten hat, da Architekten und Bauunternehmer als Gesamtschuldner auftreten. Wird also der Architekt in Anspruch genommen, so kann dieser vom Bauunternehmer Ausgleich verlangen. Dies gilt nur dann nicht, wenn der Architekt die Bauleitung innehatte, der Bauunternehmer sämtliche Sorgfaltspflichten beachtet hat.

</td></tr></table>

<table><tr><td>

Angesprochene Rechtsquellen:

</td></tr></table>

<table><tr><td>

§§ 635, 426, 254 BGB
Stichwort: Architektenhaftung - Hausschwamm durch verlorene Schalung
Urteil: OLG Düsseldorf vom 23.11.1993 (21 U 78/93)

</td></tr></table>

Fall U 3 (-)

Kann der objektüberwachende Architekt zusätzliche Bauleistungen in Auftrag geben?

Eigenheim läßt sich ein Haus errichten. Der Architekt Lässig hat die Objektüberwachung übernommen. Lässig gibt zusätzliche Bauleistungen in Auftrag. Der beauftragte Unternehmer kündigt die Zusatzvergütung dem objektüberwachenden Architekten Lässig an. Als nun Eigenheim dies alles bezahlen soll, weigert er sich und stellt fest, er habe einen solchen Auftrag nicht erteilt. Der Bauunternehmer meint jedoch, er sei vom Architekten Lässig beauftragt worden und dies müsse sich Eigenheim zurechnen lassen. Des weiteren hat er die Zusatzvergütung angekündigt, woraus sich eine Forderungsberechtigung ergeben würde.

Ist die Auffassung richtig?

Antwort:
Diese Auffassung ist nicht richtig. Der objektüberwachende Architekt ist grundsätzlich weder berechtigt, zusätzliche Bauleistungen in Auftrag zu geben, noch Ankündigungen von Zusatzvergütungen entgegenzunehmen. Dies kann er nur dann tun, wenn er durch rechtsgeschäftliche Vollmacht vom Bauherrn bzw. Auftraggeber bevollmächtigt worden ist.

<table>
<tr><td>

<u>Merke:</u>

Der objektüberwachende Architekt ist ohne rechtsgeschäftliche Vollmacht nicht berechtigt, zusätzliche Bauleistungen in Auftrag zu geben.
Ohne rechtsgeschäftliche Vollmacht ist der Architekt ferner nicht bevollmächtigt, einseitige Anzeigen bzw. Ankündigungen von Zusatzvergütungen entgegenzunehmen.

</td></tr>
</table>

Angesprochene Rechtsquellen:

§ 164 BGB; § 2 Nr. 10, 15 Nr. 3 VOB/B
Stichwort: Architektenvollmacht, Stundenlohnarbeit, Anzeigenannahme
Urteil: OLG Karlsruhe vom 30.12.1994 (17U 64/94)

Fall U 4 (-)

Kann die VOB/B wirksam durch die Aussage „Es gilt die VOB als vereinbart" in den Vertrag einbezogen werden?

Protzig möchte seine Villa von Grund auf renovieren und instandsetzen lassen. Dazu wendet er sich an den Bauunternehmer Boris Baufix, der diese Arbeiten übernehmen soll. In dem Vertrag des Boris Baufix heißt es u. a,. die VOB/B gilt als vereinbart. Baufix beginnt mit den Arbeiten wie vereinbart am 01.08.1993.

Die Bauarbeiten kommen zügig voran. Protzig versäumt es jedoch, den Abschlagszahlungen, zu denen er verpflichtet ist, nachzukommen. Wegen ausbleibens der Abschlagszahlungen stellt Baufix die Arbeiten im November 1993 ein. Nachdem Baufix ohne Erfolg Protzig gemahnt und ihm eine Nachfrist mit Kündigungsandrohung gesetzt hat, kündigt er gemäß §9 der VOB/B. Die Schriftform wird dabei eingehalten. Protzig verlangt Wiederaufnahme der Arbeiten mit der Begründung, Baufix könne sich auf die VOB/B mangels Einbeziehung in den Vertrag nicht berufen.

Ist die Kündigung des Baufix wirksam?

Antwort:

Baufix kann seine Kündigung nicht auf die VOB/B gründen, da diese nicht wirksam in den Vertrag einbezogen worden ist. Gemäß §2 AGB-Gesetz werden AGB-Klauseln nur dann Bestandteil eines Vertrages, wenn der Kunde bei Vertragsabschluß Kenntnis von dem Inhalt hat. Da Protzig jedoch vorliegend keinerlei Kenntnis der VOB/B hat, gilt diese als nicht vereinbart und somit kann Baufix seine Kündigung auch nicht auf die VOB/B stützen.

<table>
<tr><td>

Merke:

Hat der Bauunternehmer einen Architekten eingeschaltet, so ist die bloße Inbezugnahme der VOB/B ausreichend für eine wirksame Einbeziehung in den Bauvertrag. Hat der Auftraggeber dagegen keinen Architekten eingeschaltet und ist ihm der Inhalt der VOB/B weder vertraut noch vom Auftragnehmer die Möglichkeit verschafft worden, sich in zumutbarer Weise mit dem Inhalt der VOB/B vertraut zu machen, so ist die VOB/B nicht vereinbart.

</td></tr>
</table>

<table>
<tr><td>Angesprochene Rechtsquellen:</td></tr>
</table>

<table>
<tr><td>

§ 2 AGB-Gesetz
Stichwort: AGB-Klauseln, Einbeziehung der VOB/B
Urteil: OLG Hamm vom 17.01.1990 (26U112/89)
Urteil: OLG Hamm vom 24.06.1988 (26U199/87)

</td></tr>
</table>

Fall U 5 (-)

Wie lange dauert eine Gewährleistungsfrist für Baumängel, wenn eine vertragliche Regelung auf eine Gewährleistungsfrist nach VOB/B verweist?

Sparsam muß sein Wasserleitungssystem in seinem Haus erneuern. Dazu wendet er sich an den Bauunternehmer Schlampig. Im Bauvertrag heißt es, daß sich die Gewährleistungsfrist nach VOB/B richtet. Ein gutes Jahr später muß Sparsam jedoch feststellen, daß seine Wände nässen. Es wurde festgestellt, daß die Nässe in den Wänden des Sparsam auf eine fehlerhafte Installation der Wasserleitungen durch Sparsam hervorgerufen wurde. Daraufhin wendet sich Sparsam an Schlampig und will den Schaden ersetzt haben. Schlampig behauptet, die Ansprüche seien längst verjährt.

Zu Recht?

Antwort:

Die Ansprüche des Sparsam sind noch nicht verjährt. Verweist nämlich eine vertragliche Regelung auf eine Gewährleistungsfrist nach VOB/B, so betrifft das vorrangig eine zwischen den Beteiligten gemäß §13 Nr. 4 Abs. 1 VOB/B getroffene Vereinbarung. Danach beträgt die Verjährungsfrist 2 Jahre. Somit sind die Ansprüche des Sparsam gegen Schlampig noch nicht verjährt.

<table>
<tr><td>

Merke:

Verweist eine vertragliche Regelung auf eine Gewährleistungsfrist nach VOB/B, so gilt grundsätzlich eine Gewährleistungsfrist von 2 Jahren.

</td></tr>
</table>

Angesprochene Rechtsquellen:

§ 13 Nr. 4 VOB/B
Stichwort: AGB-Klausel, VOB-Gewährleistung
Urteil: BGH Urteil vom 21.03.1991 (VII ZR 110/90)

Fall U 6 (-)

Kann der Bauunternehmer in seinen AGB-Klauseln die Einwendungsfrist für Einwendungen gegen seine Abrechnungen auf 14 Tage beschränken?

Fröhlich läßt bei Bauunternehmer Clever sein Haus errichten. In den AGB des Clever ist u. a. die Klausel enthalten, daß Einwendungen gegen die Abrechnung nur innerhalb von 14 Tagen vorgebracht werden können. Nach Abschluß der Bauarbeiten und Abnahme durch Fröhlich kommt es zur Rechnungsstellung durch den Clever.

Die Rechnung bleibt einige Tage liegen und Fröhlich kommt erst 10 Tage später dazu, die Rechnung zu prüfen. Bei der Prüfung muß er feststellen, daß Clever erheblich mehr an Material abgerechnet, als er tatsächlich verwendet hat. Fröhlich kommt erst nach weiteren 10 Tagen dazu, dies Clever anzuzeigen. Clever macht geltend, daß Einwendungen nun nicht mehr möglich seien und verweist auf seine AGB-Klauseln. Fröhlich meint, diese AGB-Klausel sei unwirksam und Clever habe seinen Einwendungen nachzukommen.

Zu Recht?

Antwort:

Fröhlich kann seine Einwendungen noch vorbringen, da die Klausel des Clever, wonach die Einwendungsfrist auf 14 Tage beschränkt wurde, unwirksam ist. Gemäß §9 AGB-Gesetz sind Bestimmungen in Allgemeinen Geschäftsbedingungen unwirksam, wenn sie den Vertragspartner des Verwenders entgegen den Geboten von Treu und Glauben unangemessen benachteiligen. Die Rechtsprechung hat hier eine unangemessene Benachteiligung gesehen, da 14 Tage doch eine sehr kurze Frist sind, um die Abrechnung des Auftraggebers einer angemessenen Überprüfung zu unterziehen.

<table>
<tr><td>

Merke:

Unwirksam sind Klauseln in den AGB einer bauausführenden Firma, welche die Frist für Einwendungen gegen ihre Abrechnungen auf 14 Tage beschränkt.

</td></tr>
</table>

<table>
<tr><td>Angesprochene Rechtsquellen:</td></tr>
</table>

<table>
<tr><td>

§ 9 AGB-Gesetz
Stichwort: AGB-Klauseln - Abrechnung, Einwendungsbeschränkung
Urteil: OLG München vom 07.11.1989 (9 U3675/89)

</td></tr>
</table>

Fall U 7 (-)

Ist eine Haftungsfreisellung durch AGB gegenüber einem Kaufmann wirksam?

Die Lebensmittelkette Otto Normal will einen neuen Markt errichten. Dazu wendet sie sich an den Bauunternehmer Schneider & Co. Vertragsgemäß hat Schneider das Gebäude schlüsselfertig zu übergeben. In den allgemeinen Geschäftsbedingungen des Schneider sind sämtliche Gewährleistungsansprüche gegen den Bauunternehmer ausgeschlossen. Bei Abnahme des Bauwerkes muß Otto Normal jedoch feststellen, daß einige Mängel vorliegen. Nach erfolglosem Mängelbeseitigungsverlangen möchte Otto Normal gegen die Kaufpreissumme aufrechnen. Schneider hält diesem Verlangen jedoch seine AGB-Klausel entgegen. Kann die Lebensmittelkette Otto Normal dennoch den Kaufpreis mindern?

Antwort:
Sie kann den Kaufpreis mindern. Ihr steht ein Anspruch auf Minderung des Kaufpreises zu. Der Ausschluß in den allgemeinen Geschäftsbedingungen des Schneider ist unwirksam. Dies gilt auch, wenn, wie hier, der Bauherr ein Kaufmann ist.

<table>
<tr><td>Merke:</td></tr>
<tr><td>

Eine Haftungsfreistellung ist auch gegenüber einem Kaufmann unwirksam. Die Festlegung einer Haftungshöchstgrenze ist dann unwirksam, wenn der Haftungshöchstbetrag die vertragstypischen vorhersehbaren Schäden nicht abdeckt.

</td></tr>
</table>

<table>
<tr><td>Angesprochene Rechtsquellen:</td></tr>
</table>

<table>
<tr><td>

§ 9 AGB-Gesetz
Stichwort: AGB-Klauseln - Haftungsfreistellung
Urteil: BGH Urteil vom 11.11.1992 (VIII ZR 238/91)

</td></tr>
</table>

Fall U 8 (-)

Kann der Bauunternehmer durch eine AGB-Klausel verpflichtet werden, eine Bankgarantie für Abschlagszahlungen zu geben, deren Insanspruchnahme von einem Bautenstandsbericht abhängig ist?

Glücklich will sich ein Haus bauen. Dazu wendet er sich an den Bauunternehmer Fleißig. In den Bauvertrag werden die allgemeinen Geschäftsbedingungen des Fleißig einbezogen. Darin heißt es u.a.: „Der Bauherr hat eine formularmäßige Bankgarantie für Abschlagszahlungen nach Baufortschritt vorzulegen. Die Inanspruchnahme dieser Bankgarantie setzt lediglich einen Bautenstandsbericht des Bauunternehmers voraus."
Als Glücklich während der Bauausführung einige erhebliche Mängel feststellt, gibt er dem Fleißig zu erkennen, daß er jegliche weitere Zahlung einstellen werde. Fleißig erwidert unter Hinweis auf seine AGB-Bestimmungen, daß dem Glücklich ein Leistungsverweigerungsrecht oder Zurückbehaltungsrecht nicht zustehe.

Glücklich möchte wissen, ob diese Klausel wirksam ist.

Antwort:

Eine solche Klausel ist unwirksam, da sie eine Umgehung des Verbots des formularmäßigen Ausschlusses des Leistungsverweigerungsrechts gem. §320 BGB und Zurückbehaltungsrechts gem. §273 BGB darstellt und deshalb ist sie nach §§7, 11 Nr. 2 AGB-Gesetz unwirksam. Somit kann Glücklich seine Zahlungen einstellen.

<table>
<tr><td>

<u>Merke:</u>

</td></tr>
<tr><td>

Der Bauunternehmer kann sich keine formularmäßige Bankgarantie für Abschlagszahlungen des Bauherrn nach Baufortschritt geben lassen, deren Inanspruchnahme lediglich einen Bautenstandsbericht des Bauunternehmers voraussetzt.

</td></tr>
</table>

<table>
<tr><td>Angesprochene Rechtsquellen:</td></tr>
</table>

<table>
<tr><td>

§§ 273, 320 BGB; § 7, 11 Nr. 2 AGB-Gesetz
Stichwort: AGB-Klausel - Leistungsverweigerungsrecht, Bankgarantie,
Urteil: BGH Urteil vom 21.04.1986 (VIIZR 126/85)

</td></tr>
</table>

Fall U 9 (-)

**Kann der Bauunternehmer eine individuell vereinbarte Herstellungs-
frist durch eine AGB-Bestimmung abändern?**

*Glücklich läßt sich vom Bauunternehmer Faulbier ein Haus errichten. In
dem Bauvertrag wurde vereinbart, daß der Rohbau innerhalb der näch-
sten 4 Wochen fertiggestellt werden muß. In den allgemeinen Geschäftsbedingungen des Faulbier, welche in den Bauvertrag einbezogen worden
sind, heißt es jedoch, daß die Herstellungsfrist bis zu einem Monat überschritten werden kann. Nach den vereinbarten 4 Wochen ist der Rohbau
bei weitem noch nicht fertiggestellt. Allerdings waren schon weitere
Handwerker bestellt, die unverrichteter Dinge abziehen mußten. Dadurch
ist dem Bauherrn ein beträchtlicher Schaden entstanden. Diesen Schaden
möchte er nun auf Faulbier abwälzen. Faulbier verweist auf seine AGB-
Bestimmungen, wonach die individuell vereinbarte Frist bis zu einem
Monat überschritten werden kann. Glücklich fragt sich nun, ob diese
AGB-Klausel wirksam ist.*

Antwort:

Diese AGB-Klausel ist unwirksam. Eine solche AGB-Klausel kann niemals Vertragsbestandteil werden, da individuelle Vertragsabreden grundsätzlich Vorrang vor allgemeinen Geschäftsbedingungen haben (§4 AGB-Gesetz). Die mit §4 nicht zu vereinbarende Klausel ist gem. §9 Abs. 1 und 2 Nr. 1 AGB-Gesetz unwirksam, denn sie verkehrt den im §4 AGB-Gesetz bestimmen Vorrang der Individualabrede ins Gegenteil und ist deshalb mit dem Grundgedanken der gesetzlichen Regelung nicht vereinbar. Somit kann Glücklich den Schaden auf Faulbier abwälzen.

<table>
<tr><td>

Merke:

Werden in einem Vertrag individuelle Absprachen getroffen, so können diese niemals durch AGB-Bestimmungen geändert oder aufgehoben werden. Die Individualabrede verdrängt regelmäßig die entsprechende AGB-Bestimmung.

</td></tr>
</table>

Angesprochene Rechtsquellen:

§§ 4 und 9 AGB-Gesetz
Stichwort: AGB-Klauseln Lieferfrist Verlängerung
Urteil: OLG Stuttgart vom 23.01.1981 (2 U 140/80)

Fall U 10 (-)

Welche Leistungen des Bauunternehmers sind regelmäßig in einem Pauschalpreis enthalten, welcher für die Errichtung eines Hauses vereinbart wurde?

Bauherr Glücklich möchte sich ein Haus bauen. Dazu wendet er sich an den Bauunternehmer Bissig. Glücklich und Bissig vereinbaren für die Errichtung des Hauses einen Pauschalpreis. In die AGBs des Bissig sind vertragliche Bauleistungen in einem Katalog von Aufschließungskosten eingeschoben (wie z.B. Aushub und Verfüllung der Baugrube). Als Glücklich nach der Fertigstellung des Hauses die Schlußrechnung erhält, muß er sich wundern. Diese ist deutlich höher als der vereinbarte Pauschalpreis. Diese Erhöhung geht auf die „Aufschließungskosten" zurück. Glücklich verweigert, diese Aufschließungskosten zu übernehmen. Vielmehr meint er, daß sämtliche Kosten durch die Vereinbarung des Pauschalpreises erfaßt wären.

Zu Recht?

Antwort:

Glücklich muß die Aufschließungskosten nicht übernehmen. Eine derartige Klausel in den allgemeinen Geschäftsbedingungen des Bauunternehmers ist regelmäßig unwirksam. Sie ist nicht nur überraschend im Sinn des §3 AGB-Gesetz, sondern benachteiligt auch den Erwerber durch die unredlich versteckte der Höhe nach nicht abzuschätzende Erhöhung des Pauschalpreises unangemessen im Sinne des §9 AGB-Gesetz. Ist ein Pauschalpreis vereinbart, so kann dies von einem unbefangenen Erwerber nur so verstanden werden, daß damit alle regelmäßig mit der Errichtung eines Hauses verbundenen Baukosten abgegolten sind. Zu diesen in jedem Leistungsverzeichnis aufgeführten Baukosten gehören aber auch der Aushub und die spätere Verfüllung der Baugrube.

<table>
<tr><td>

Merke:

</td></tr>
<tr><td>

Ist in einem Bauvertrag ein Pauschalpreis für die Errichtung eines Hauses vereinbart, so kann der Bauunternehmer in seinen allgemeinen Geschäftsbedingungen die Kosten für den Aushub und die Füllung der Baugrube nicht extra regeln. Derartige Kosten sind regelmäßig als Baukosten im Pauschalpreis enthalten.

</td></tr>
</table>

<table>
<tr><td>Angesprochene Rechtsquellen:</td></tr>
</table>

<table>
<tr><td>

§§ 3 und 9 AGB-Gesetz
Stichwort AGB-Klauseln - Pauschalpreis, Zusatzvergütung,
Urteil: BGH Urteil vom 29.09.1983 (VII ZR 225/82)

</td></tr>
</table>

Fall U 11 (-)

Kann die Hausbank des Bauunternehmers durch AGB-Klauseln bei Eröffnung eines Zwischenfinanzierungskontos des Bauherrn den Überweisungsauftrag für unwiderruflich erklären?

Friedrich Eilig bestellt beim Fertighaus-Hersteller Fix und Fertig ein Fertighaus. Auf Veranlassung von Fix und Fertig eröffnet Eilig bei der Hausbank des Fix und Fertig ein Zwischenfinanzierungskonto. Gleichzeitig erteilt er der Bank den Auftrag zur Überweisung der vereinbarten Werklohnraten. In den AGB-Bestimmungen des Kontoeröffnungsvertrages der Bank heißt es u.a., daß der Überweisungsauftrag nicht widerrufen werden kann. Bei Anlieferung der Fertigteile muß Eilig jedoch feststellen, daß diese z.T. mangelhaft sind. Deshalb möchte er seine Zahlungen an Fix und Fertig einstellen. Die Bank jedoch beruft sich auf ihre AGB-Bestimmung, wonach der Überweisungsauftrag nicht widerrufen werden kann. Ist ein Widerruf des Überweisungsauftrages durch Eilig wirksam?

Antwort:

Der Widerruf des Überweisungsauftrages durch Eilig ist wirksam. Die entsprechende AGB-Bestimmung der Bank verstößt gegen §9 Abs. 1 AGB-Gesetz und ist damit unwirksam. Durch ein derartiges Zusammenwirken von Unternehmer und dessen Hausbank würden die Ansprüche des Bestellers auf Minderung oder Wandlung sowie Schadensersatzansprüche erheblich gefährdet, da er sein Zurückbehaltungsrecht bzw. Leistungsverweigerungsrecht nicht geltend machen kann. Eine derartige Regelung ist somit gem. den §§7, 9, 11 Nr. 2 und 3 AGB-Gesetz unwirksam.

<table>
<tr><td>

Merke:

Leistungsverweigerungsrechte, die dem Bauherrn gegen den Bauunternehmer zustehen, dürfen nicht über ein Dreiecksverhältnis (hier Hinzuziehung der Bank) durch Allgemeine Geschäftsbedingungen umgangen werden. Gleiches gilt für die Aufrechnungsmöglichkeit des Bauherrn.

</td></tr>
</table>

Angesprochene Rechtsquellen:

§§ 7, 9, 11 Nr. 2, 11 Nr. 3 AGB-Gesetz
Stichwort: AGB-Klausel - Unwiderruflicher Überweisungsauftrag
Urteil: BGH vom 28.05.1984 (III ZR 63/83)

Fall U 12 (-)

Kann der Bauherr vom Vertrag zurücktreten, weil der Unternehmer mit der Erfüllung seiner Pflichten in Verzug geraten ist, auch wenn noch keine Baugenehmigung erteilt wurde?

Bauunternehmer Baufix hat mit Bauherr Eigenheim einen Vertrag geschlossen. Die Bauarbeiten hätten am 01.04. beginnen sollen. Zu diesem Zeitpunkt war jedoch die Baugenehmigung noch nicht erteilt. Davon wußte Baufix jedoch nichts, im Gegenteil, dieser ging davon aus, daß die Baugenehmigung bereits erteilt worden sei. Trotzdem verweigerte er aus ungerechtfertigten Gründen ernsthaft und endgültig die Leistungserbringung. Daraufhin entzog Eigenheim Baufix den Bauauftrag. Nunmehr verwies Baufix auch darauf, daß seine geschludeten Bauleistungen mangels Baugenehmigung noch nicht fällig gewesen seien. Somit hätte er nicht in Verzug geraten können und Eigenheim sei nicht berechtigt gewesen, ihm den Auftrag zu entziehen.

Zu Recht?

Antwort:

Eigenheim war sehr wohl berechtigt, Baufix den Auftrag zu entziehen.
Zwar waren die Bauleistungen des Baufix tatsächlich mangels Bauge-
nehmigung noch nicht fällig; dadurch, daß Baufix jedoch den Beginn der
Bauarbeiten aus ungerechtfertigten Gründen endgültig verweigert hat, hat
er eine positive Vertragsverletzung begangen, die die Entziehung des
Auftrages rechtfertigt.

<table>
<tr><td>

<u>Merke:</u>

**Der Anspruch des Bauherrn auf Erstellung des Werkes ist solange
nicht fällig, als eine Baugenehmigung nicht erteilt worden ist. Das
heißt, solange kann der Bauunternehmer mit der Erfüllung seiner
Bauleistungspflicht nicht in Verzug geraten. Lehnt der Bauunter-
nehmer aber in dem Glauben, die Baugenehmigung sei bereits erteilt,
die Ausführung der übernommenen Bauarbeiten aus einem anderen,
nicht gerechtfertigten Grund ernsthaft und endgültig ab, so liegt
darin eine positive Vertragsverletzung, die den Auftraggeber zur
Entziehung des Auftrages berechtigt.**

</td></tr>
</table>

Angesprochene Rechtsquellen:

§ 8 Nr. 3 VOB/B; § 284 BGB
Stichwort: Auftragsentziehung - Baugenehmigung, Verzug
Urteil: BGH vom 21.03.1974 (VII ZR 139/71)

Fall U 13 (-)

Kann der Bauherr den Bauvertrag kündigen, wenn er eine Frist zur Wiederaufnahme der Arbeiten gesetzt hat und diese verstrichen ist?

Bauherr Fröhlich hat mit Bauunternehmer Schneider einen Bauvertrag geschlossen. Schneider beginnt planmäßig mit den Arbeiten. Einige Zeit später stellt Schneider die Arbeiten zu Unrecht ein. Daraufhin setzt Fröhlich Schneider eine Frist zur Wiederaufnahme der Arbeiten. Schneider läßt diese Frist ablaufen. Daraufhin kündigt Fröhlich den Bauvertrag. Schneider meint, eine Kündigung sei nicht rechtmäßig, da Fröhlich nicht berechtigt sei, eine Frist zur Wiederaufnahme der Arbeiten zu stellen, sondern lediglich berechtigt sei, eine Frist zur Fertigstellung der Arbeiten zu stellen. Welche Auffassung ist richtig?

Antwort:

Hier ist die Kündigung rechtmäßig. Nach der Rechtsprechung genügt eine Frist zur Wiederaufnahme der Arbeiten, wenn der Bauunternehmer seine Arbeiten eingestellt hat und zu Unrecht nicht fortführt. Einer Fristsetzung zur Fertigstellung der Arbeiten bzw. deren Ablauf bedarf es nicht. Somit hat hier Fröhlich rechtmäßig und wirksam gekündigt.

<table>
<tr><td>Merke:</td></tr>
<tr><td>Eine Auftragsentziehung gem. §8 Nr. Abs. 1, 5 Nr. 4 VOB/B ist auch schon dann zulässig, wenn der Bauherr dem Unternehmer, der seine Arbeiten eingestellt hat und zu Unrecht nicht fortführt, eine Frist zur Wiederaufnahme gesetzt hat und diese fruchtlos abgelaufen ist. Einer Fristsetzung zur Fertigstellung der Arbeiten und des Ablaufs eines solchen Frist bedarf es nicht.</td></tr>
</table>

<table>
<tr><td>Angesprochene Rechtsquellen:</td></tr>
</table>

<table>
<tr><td>§§ 5 Nr. 4, 8 Nr. 3 VOB/B
Stichwort: Auftragsentziehung, Fristsrtzung zur Wiederaufnahme der Arbeiten nach Arbeitseinstellung
Urteil: OLG Düsseldorf vom 26.06.1984 (23 U 181/83)</td></tr>
</table>

Fall U 14 (-)

Hat eine Wohn- und Siedlungsbaugesellschaft Anspruch auf Erwirkung einer Bauwerkersicherungshypothek?

Die Wohn- und Siedlungsbaugesellschaft Südpark GmbH verwaltet u.a. das Mehrfamilienhaus des Guido Gierig. Als nach einigen Jahren einige Renovierungsarbeiten fällig werden, engagiert die Wohn- und Siedlungsbaugesellschaft Südpark GmbH im Auftrag des Guido Gierig den Bauhandwerker Fleißig, die nötigen Renovierungsarbeiten durchzuführen. Zur Sicherung der Forderung des Bauhandwerkers Fleißig möchte sich die Wohn- und Siedlungsbaugesellschaft Südpark GmbH eine Bauhandwerksicherungshypothek auf ihren Namen eintragen lassen. Guido Gierig verweigert seine Einwilligung zur Eintragung, da er meint, daß die Bauhandwerkersicherungshypothek lediglich dem Bauhandwerker zustehen kann.

Zu Recht?

Antwort:

Die Wohn- und Siedlungsbaugesellschaft Südpark GmbH hat hier keinen Anspruch auf Einräumung einer Bauhandwerkersicherungshypothek. Zur Geltendmachung des Anspruches auf Einräumung einer Bauwerkersicherungshypothek legitimiert ist grundsätzlich nur derjenige, durch dessen sachliche Leistung dem Bestellervermögen die Werterhöhung unmittelbar zugeflossen ist. Dies ist hier der Unternehmer Fleißig, der aufgrund eines Werkvertrages mit dem Eigentümer die Leistung technisch erbringt. Auch ein Generalunternehmer, der seinen Werkvertrag dem Eigentümer gegenüber dadurch erfüllt, daß er die sachliche Leistung durch Handwerker technisch erbringen läßt, welche ihrerseits nur mit ihm selbst, nicht aber mit dem Besteller in Vertragsbeziehungen stehen, hat einen Anspruch auf Eintragung einer Bauhandwerkersicherungshypothek.

<table>
<tr><td>

<u>Merke:</u>

Nur derjenige, der eine sachliche Leistung technisch selbst erbringt oder durch einen Handwerker erbringen läßt, hat Anspruch auf Einräumung einer Bauhandwerkersicherungshypothek.

</td></tr>
</table>

<table>
<tr><td>

Angesprochene Rechtsquellen:

</td></tr>
</table>

<table>
<tr><td>

§ 648 BGB
Stichwort: Bauhandwerkersicherungshypothek - Generalunternehmer, Wohnungsbaugesellschaft
Urteil: OLG Stuttgart Beschluß vom 21.03.1963 (4 W 16/62)

</td></tr>
</table>

Fall U 15 (-)

Hat der Bauherr die Pflicht, den Bauunternehmer bei der Ausführung der ihm übertragenen Leistung zu überwachen oder überwachen zu lassen?

Bauunternehmer Schlampig hat für Egon Eigenheim ein Einfamilienhaus zu errichten. Nach Fertigstellung der Arbeiten sind einige Mängel zu beklagen. Schlampig macht geltend, daß eine Vielzahl der festgestellten Mängel vermieden worden wären, wenn ein fachkkundiger Baubetreuer zugegen gewesen wäre. Eigenheim verlangt trotzdem Mängelbeseitigung bzw. Schadenersatz.

Zu Recht?

Antwort:
Eigenheim kann Mängelbeseitigung oder Schadenersatz verlangen (Schadenersatz soweit Schlampig ein Verschulden nachgewiesen werden kann). Allerdings müßte er sich ein Mitverschulden anrechnen lassen, wenn er vertragliche Pflichten oder Obliegenheiten verletzt hätte. Eine solche Pflichtverletzung könnte Eigenheim hier dadurch begangen haben, daß er den Schlampig weder überwacht noch überwachen lassen hat, wenn dies zu seinen vertraglichen Pflichten gehören würde. Wie jedoch der BGH festgestellt hat, hat der Bauunternehmer keinen Anspruch darauf, daß ihn der Bauherr bei der Ausführung der ihm übertragenen Leistung überwacht oder überwachen läßt.

Somit trifft hier Eigenheim kein Mitverschulden. Mängelbeseitigungsansprüche bzw. Schadenersatzansprüche sind nicht zu kürzen.

<u>Merke:</u>

Der Bauherr hat nicht die Pflicht, den Bauunternehmer bei der Ausführung der ihm übertragenen Leistung zu überwachen.

Angesprochene Rechtsquellen:

§§ 635, 278, 254 BGB
Stichwort: Bauunternehmer-Haftung - Überwachungsfehler, Mitverschulden des Bauherrn
Urteil: BGH vom 04.06.1973 (VII ZR 112/71)

Fall U 16 (-)

Wann verjährt der Anspruch des Unternehmers auf Ersatz von Mehraufwendungen aufgrund des §6 Nr. 5 Abs. 2 VOB/B?

Bauunternehmer Clever sollte für Eigenheim Renovierungsarbeiten in dessen Eigentumswohnung vornehmen. Aufgrund einer von Eigenheim zu vertretenden Verschiebung und Verlängerung der Ausführung sind Clever Mehraufwendungen entstanden. Diese verlangt er aufgrund einer Unachtsamkeit in seiner Buchhaltung jedoch erst 2 ½ Jahre, nachdem sie erstmalig fällig wurden. Eigenheim verweigert die Bezahlung und meint, diese Ansprüche seien längst verjährt.

Zu Recht?

Antwort:

In der Tat sind die Ansprüche des Clever verjährt. Verlangt der Unternehmer aufgrund des §6 Nr. 5 Abs. 2 VOB/B Ersatz von Mehraufwendungen, die ihm für die Ausführung der Vertragsleistung durch eine vom Auftraggeber zu vertretende Verschiebung und Verlängerung der Ausführung entstanden sind, so verjährt dieser Anspruch in der Frist des §196 Abs. 1, Nr. 1 BGB, d.h. in 2 Jahren. Somit sind hier die Ansprüche des Clever auf Ersatz von Mehraufwendungen bereits verjährt.

Merke:

Ansprüche auf Ersatz von Mehraufwendungen gem. §6 Nr. 5 Abs. 2 VOB/B verjähren gem. §196 Abs. 1 BGB in 2 Jahren. Sollte das Gericht des ersten Rechtszuges die Klage wegen Verjährung abweisen, das Berufungsgericht dagegen den eingeklagten Einspruch für nicht verjährt halten, so darf das Berufungsgericht die Sache nicht in den ersten Rechtszug zurückverweisen.

Angesprochene Rechtsquellen:

---

§§ 6 Nr. 5 VOB/B; 196 BGB;538 ZPO
Stichwort: Bauzeitüberschreitung - Schadenersatzanspruch, Verjährungsfrist
Urteil: BGH vom 21.03.1968 (VII ZR 84/67)

Fall U 17 (-)

Kann der Bauunternehmer einen Anspruch aus §6 Nr. 5 Abs. 2 VOB/B geltend machen, wenn den Bauherrn ein Verschulden für die Behinderung nicht trifft?

Eigenheim und Bauunternehmer Schlampig haben einen Bauvertrag geschlossen. Durch Umstände, die Eigenheim nicht zu vertreten hat, kommt es zu Verzögerungen. Dadurch sind dem Bauunternehmer Mehrkosten entstanden. Diese Mehrkosten verlangt Schlampig nun von Eigenheim ersetzt. Dabei hält er Eigenheim vor, daß hindernde Umstände vorlagen. Eigenheim dagegen meint, der Anspruch auf Ersatz der Mehrkosten sei ausgeschlossen, da er diese nicht zu vertreten habe. (Die Behauptungen der Parteien seien als richtig unterstellt.)

Zu Recht?

Antwort:

Tatsächlich wird Schlampig keine Mehrkosten erstattet bekommen. Er kann einen Anspruch aus §6 Nr. 5 Abs. 2 VOB/B nur geltend machen, wenn Eigenheim die hindernden Umstände zu vertreten hätte. Dies ist hier jedoch nicht der Fall.

<table>
<tr><td>

Merke:

Dem Bauunternehmer steht ein Anspruch aus §6 Nr. 5 Abs. 2 VOB/B nur dann zu, wenn der Bauherr die hindernden Umstände zu vertreten hat. Wichtig dabei ist, daß der Anspruchsteller (hier Bauunternehmer) zu beweisen hat, daß hindernde Umstände vorgelegen haben, die ursächlich für die Mehrkosten geworden sind. Gelingt ihm dieser Beweis, dann hat der Bauherr zu beweisen, daß er diese hindernden Umstände nicht zu vertreten hat.

</td></tr>
</table>

<table>
<tr><td>

Angesprochene Rechtsquellen:

</td></tr>
</table>

<table>
<tr><td>

§ 6 Nr. 5 Abs. 2 VOB/B
Stichwort: Behinderung Baubeginn Verzögerung, Beweislast
Urteil: BGH vom 21.12.1970 (VII ZR 184/69)

</td></tr>
</table>

Fall U 18 (-)

Wann kann der Bauunternehmer einen Anspruch auf Ersatz der Mehrkosten aus §6 Nr. 5 VOB/B herleiten?

Bauunternehmer Gierig soll für Eigenheim dessen Einfamilienhaus errichten. Dabei konnte der vereinbarte Baubeginn nicht eingehalten werden. Zum einen verspätete sich die Beschaffung der Baugenehmigung, zum anderen hätte er die Arbeiten auch nicht früher beginnen können, als er es tatsächlich getan hat. Gierig verlangt dafür, daß die Arbeiten aufgrund der verspäteten Beschaffung der Baugenehmigung sowieso erst später hätten begonnen werden können, Ersatz seiner potentiellen Mehraufwendung. Eigenheim verweigert die Bezahlung.

Zu Recht?

Antwort:

Eigenheim verweigert hier die Bezahlung zu Recht. Ein Anspruch des
Bauunternehmers aus §6 Nr. 5 VOB/B wegen verspäteter Beschaffung
der Baugenehmigung ist nur dann begründet, wenn die verspätete Beschaffung für die Verzögerung der Arbeiten ursächlich geworden ist. Dies
ist dann nicht der Fall, wenn der Bauunternehmer bei rechtzeitiger Baugenehmigung auch nicht anders (früher, mehr, schneller) gearbeitet hätte,
als er es tatsächlich getan hat.

<u>Merke:</u>
Ein Anspruch des Bauunternehmers aus §6 Nr. 5 VOB/B auf Ersatz der Mehraufwendungen ist nur dann gegeben, wenn der angegebene Grund für die Verzögerung der Arbeiten kausal geworden ist.

Angesprochene Rechtsquellen:

§ 6 Nr. 5 VOB/B Stichwort: Behinderung Baugenehmigung Urteil: BGH vom 15.01.1976 (VII ZR 52/74)

Fall U 19 (-)

Wem muß der Bauunternehmer eine schadenersatzauslösende Behinderung anzeigen?

Eigenheim will sich ein Haus errichten lassen. Dazu schließt er mit Bauunternehmer Baufix einen Bauvertrag. Aufgrund eines Fehlverhaltens des Architekten Schlampig kommt es zur Behinderungen der Bauarbeiten. Baufix zeigt dies dem Architekten Schlampig umgehend an. Dieser zeigt keinerlei Reaktion. Baufix meint nun, er sei seinen Pflichten nachgekommen, alles andere gehe ihn nichts an, er habe hier einen Schadenersatzanspruch aus §6 Nr. 6 VOB/B. Diesen macht er auch gegenüber dem Bauherrn Eigenheim geltend. Durch die Behinderung, die der Bauherr zu vertreten habe und durch seine Behinderungsanzeige sei ein Schadenersatzanspruch entstanden.

Eigenheim wendet ein, ein Schadenersatzanspruch sei allein schon deshalb nicht begründet worden, da die Behinderungsanzeige an ihn hätte erfolgen müssen. Ist die Auffassung des Eigenheim richtig?

Antwort:

Die Auffassung des Eigenheim ist richtig. Baufix hätte hier die Behinderung dem Bauherrn Eigenheim anzeigen müssen. Zwar ist es möglich, eine solche Anzeige auch wirksam gegenüber dem Architekten abzugeben, allerdings darf dann nicht der geringste Zweifel daran bestehen, daß der bauleitende Architekt dafür Sorge trägt, daß alles unternommen wird, um den Auftraggeber selbst vor Nachteilen zu schützen. Geht es um Behinderungen, die nicht nur verhältnismäßig geringe Verzögerungen, sondern einen erheblichen Zahlungsanspruch auslösen können oder sollen, so muß der Auftragnehmer besonders sorgfältig prüfen, ob die berechtigten Interessen des Auftraggebers gewahrt werden, wenn er eine Behinderungsanzeige lediglich an den bauleitenden Architekt richtet. Gehen die Umstände, die der Auftragnehmer als Behinderung ansieht, vom bauleitenden Architekten aus und kann oder will dieser sie nicht sofort beheben, so muß sich der Auftragnehmer unverzüglich an den Auftraggeber wenden. Dies hat Baufix hier jedoch nicht getan. Somit ist eine Schadenersatzforderung nicht gegeben.

<table>
<tr><td>

Merke:
</td></tr>
<tr><td>

Eine Behinderungsanzeige gem. §6 Nr. 1 VOB/B sollte grundsätzlich immer gegenüber dem Bauherrn abgegeben werden. Ansonsten wird der Bauunternehmer oft das Risiko eingehen, daß die Behinderungsanzeige aus den o.g. Gründen nicht ausreicht.
</td></tr>
</table>

<table>
<tr><td>Angesprochene Rechtsquellen:</td></tr>
</table>

<table>
<tr><td>

§ 6 Nr. 1 VOB/B
Stichwort: Behinderungsanzeige - Adressat/Bauherr oder Architekt
Urteil: OLG Köln vom 01.12.1980 (22 U 73/80)
</td></tr>
</table>

Fall U 20 (-)

Hat der Bauunternehmer eine Behinderung immer gem. §6 Nr. 1 VOB/B anzuzeigen, um einen Schadenersatzanspruch zu begründen?

Eigenheim läßt sich vom Bauunternehmer Baufix ein Einfamilienhaus errichten. Im Bauvertrag haben die Parteien eine verbindliche Vertragsfrist für die Ausführung der Bauleistung vereinbart. Aufgrund diverser Behinderungen durch Mehrmengen und Nachtragsaufträge kann der Bauunternehmer Baufix die vereinbarte Vertragsfrist jedoch nicht einhalten. Kommt hier eine Verlängerung der Ausführungsfrist in Frage?

Antwort:
Eine Verlängerung der Ausführungsfrist kommt hier nicht in Frage. Für
eine solche Verlängerung hätte die Behinderung unverzüglich gem. §6
Nr. 1 VOB/B Eigenheim angezeigt werden müssen. Eine derartige Behinderung und ihre hindernde Wirkung wird für Eigenheim im allgemeinen offenkundig. Da Baufix eine derartige Behinderungsanzeige gem. §6
Nr. 1 VOB/B hier unterlassen hat, kommt eine Verlängerung der Ausführungsfrist nicht zum Zuge.

<table>
<tr><td>

Merke:

**Um Rechte aus einer Behinderung gem. §6 Nr. VOB/B geltend ma-
chen zu können, ist regelmäßig die Anzeige dieser Behinderung not-
wendig. Erst eine Anzeige kann Rechte aufgrund dieser Behinderung
begründen.**

</td></tr>
</table>

Angesprochene Rechtsquellen:

§ 6 Nr. 1 VOB/B
Stichwort: Behinderungsanzeige - Schadenersatz, Verlängerung der Ausführungsfrist
Urteil: BGH vom 08.03.1979 (VII ZR 9/78)
Urteil: OLG Düsseldorf vom 23.06.1981 (23 U 31/81)

Fall U 21 (-)

Ist eine pauschale Mehrforderung des Unternehmers aufgrund unverschuldeter Leistungsverzögerung berechtigt?

Eigenheim läßt sich von Baufix ein Einfamilienhaus errichten. Für den Wasseranschluß ist Meister Röhrich zuständig. Da Baufix mit seiner Vorleistung in Verzug kommt, verzögern sich auch die Arbeiten des Röhrich. Röhrich fordert daraufhin von Eigenheim eine pauschale Preiserhöhung mit der Begründung, diese Mehrforderung sei als Verzugsschaden ersatzfähig. Dies wird von Eigenheim bestritten, er verweigert die Bezahlung.

Zu Recht?

Antwort:

In der Tat muß hier Eigenheim nichts bezahlen. Die Mehrforderungen,
die Röhrich verlangt, weil sich seine Arbeiten infolge des Verzuges des
Baufix zeitlich hinausschieben, können nicht ohne weiteres als Verzugsschaden geltend gemacht werden. Vielmehr müßte Röhrich gem. §2 Nr. 5
VOB/B den neuen Preis unter Berücksichtigung der Mehr- und Minderkosten, die gegebenenfalls durch die Leistungs- und Preisgrundlagenän-
derung entstehen, vereinbaren. Dies hat er nicht getan, so daß seine Forderungen unbegründet sind.

Merke:

**Fordert ein Drittunternehmer pauschal eine Preiserhöhung, weil er
infolge Verzuges eines anderen am Bau beteiligten vorleistungs-
pflichtigen Unternehmers seine Leistungen zeitlich hinausschieben
muß, so ist dies in Mehrforderungen nicht ohne weiteres als Verzugsschaden ersatzfähig. Der Drittunternehmer müßte vielmehr gem. §2
Nr. 5 VOB/B den neuen Preis unter Berücksichtigung der Mehr- und
Minderkosten, die gegebenenfalls durch die Leistungs- und damit
Preisgrundlagen entstehen, vereinbaren.**

Angesprochene Rechtsquellen:

§§ 2 Nr. 5, 6 Nr. 6 VOB/B
Stichwort: Behinderung - Schaden des Vorunternehmers
Urteil: OLG Koblenz vom 09.11.1992 (5 U 927/91)

Müssen einem kaufmännischen Bestätigungsschreiben Vertragsverhandlungen vorausgehen?

Kaufmann Vorland will sich eine Lagerhalle errichten. Dazu wendet er sich an den Bauunternehmer Baufix. In einem geschäftlichen Gespräch wird über einen Vertrag verhandelt. Daraufhin sendet Vorland dem Baufix ein Schreiben, in dem es heißt, daß Baufix zur Übernahme der Arbeiten verpflichtet ist. Die Arbeiten sollten bis zu einem bestimmten Termin abgeschlossen sein. Darüber hinaus sollte Baufix eine sehr geringe Vergütung erhalten. Baufix beschließt, die Geschäftsverbindung zu Vorland abzubrechen. Zwei Wochen später sendet er diesem einen entsprechenden Brief zu. Vorland meint, dieser Brief sei längst verspätet, sein Widerspruch gegen ein kaufmännisches Bestätigungsschreiben sei nur innerhalb von 3 Tagen möglich. Somit sei ein Vertrag zustande gekommen, den Baufix nun auch erfüllen müsse. Baufix meint darüber hinaus, der Inhalt der Verhandlungen sei erheblich abgeändert worden, so daß aus diesem Grunde das kaufmännische Bestätigungsschreiben unwirksam sei.

Zu Recht?

Antwort:

Ein kaufmännisches Bestätigungsschreiben setzt regelmäßig voraus, daß Vertragsverhandlungen vorangegangen sind. Um gegen ein solches Bestätigungsschreiben wirksam zu widersprechen, muß der Empfänger binnen 3 bis 4 Tagen einen Widerspruch dem Absender zukommen lassen. Baufix hat dies nicht getan. Somit wäre das Bestätigungsschreiben wirksam. Baufix macht geltend, daß der Inhalt des Bestätigungsschreibens erheblich vom Inhalt der Vorverhandlungen abweiche. Hierfür ist er beweispflichtig. Sollte ihm dieser Beweis gelingen, wäre das kaufmännische Bestätigungsschreiben des Vorland unwirksam. In einem solchen Fall wäre Baufix an den Inhalt dieses Schreibens nicht gebunden.

<table>
<tr><td>Merke:</td></tr>
<tr><td>Ein kaufmännisches Bestätigungsschreiben setzt voraus, daß Vertragsverhandlungen vorangegangen sind. Der Absender des Schreibens hat dies zu beweisen. Weicht der Inhalt des Schreibens vom Inhalt der Vorverhandlungen ab, so ist der Empfänger hierfür beweispflichtig.</td></tr>
</table>

<table>
<tr><td>Angesprochene Rechtsquellen:</td></tr>
</table>

<table>
<tr><td>§ 346 HGB
Stichwort: Bestätigungsschreiben - Beweislast
Urteil: BGH vom 20.03.1974 (VIII ZR 234/72)</td></tr>
</table>

Fall U 23 (-)

In welchen Fällen ist ein Widerspruch gegen ein kaufmännisches Bestätigungsschreiben nicht erforderlich?

Kaufmann Vorland läßt sich von Bauunternehmer Baufix eine Lagerhalle errichten. Vorland hat Bauunternehmer Baufix mündlich den Auftrag zu einem Pauschalfestpreis von DM 395.000,00 erteilt. Im Bestätigungsschreiben des Baufix heißt es, daß Preiserhöhungen wegen während der Bauzeit eintretenden Lohnerhöhungen vorbehalten werden. Bei Ausführung der Arbeiten erhöhen sich tatsächlich die Löhne, so daß sich auch Forderungen des Baufix gegenüber Vorland erhöhen. Vorland meint, eine Erhöhung käme wohl nicht in Frage, da ein Pauschalfestpreis vereinbart war. Dem hält Baufix entgegen, lt. Bestätigungsschreiben seien Preiserhöhungen vorbehalten worden. Kann Baufix den Preis tatsächlich erhöhen?

Antwort:

Baufix kann in diesem Fall den mündlich vereinbarten Pauschalfestpreis
von DM 395.000,00 tatsächlich nicht erhöhen. Allerdings trifft Vorland
die Beweislast der mündlichen Vereinbarung. Der im Bestätigungschrei-
ben des Baufix gemachte Vorbehalt einer Preiserhöhung entbehrt jeder
Grundlage in den mündlichen Abreden der Parteien. Das Schweigen des
Bauherrn auf dieses Bestätigungsschreiben bedeutet keine Zustimmung
zu der vom Bauunternehmer geforderten Lohnerhöhungsklausel.

<table>
<tr><td>

Merke:

</td></tr>
<tr><td>

**Eines Widerspruches gegen den Inhalt eines Bestätigungsschreibens
bedarf es in folgenden Fällen nicht:**
**Der Absender hat sich nicht in dem guten Glauben befunden, der
Inhalt seines Schreibens entspreche den getroffenen Abreden.**
Bei bewußt unrichtig gemachten Angaben.
**Das Bestätigungsschreiben entfernt sich inhaltlich soweit von dem
vorher besprochenen, daß der Bestätigende nicht mit einem Einver-
ständnis des Empfängers rechnen kann. Den Empfänger trifft die
Beweislast.**

</td></tr>
</table>

<table>
<tr><td>Angesprochene Rechtsquellen:</td></tr>
</table>

<table>
<tr><td>

§ 346 HGB
Stichwort: Bestätigungsschreiben - Lohngleitklausel
Urteil: BGH vom 12.11.1964 (VII ZR 143/63)

</td></tr>
</table>

Fall U 24 (-)

Muß eine Vorauszahlungsbürgschaft im Sinne von §16 Nr. 2 VOB/B unbefristet sein?

Eigenheim hat bei Bauunternehmer Flach einen VOB-Werkvertrag abgeschlossen. Darin verpflichtet sich Eigenheim zur Leistung von Vorauszahlungen. Diese Vorauszahlungen sollen durch eine Vorauszahlungsbürgschaft im Sinne von §16 Nr. 2 VOB/B gesichert werden. Flach möchte diese Vorauszahlungsbürgschaft begrenzen. Eigenheim meint, die Bürgschaft müsse, um überhaupt gültig sein zu können, unbefristet sein. Um diesen Streitpunkt zu klären, wenden sie sich an einen Anwalt. Wie wird die Antwort des Anwalts zu diesem Punkt ausfallen?

Antwort:

Die Vorauszahlungsbürgschaft im Sinne des §16 Nr. 2 VOB/B muß den Anforderungen des §17 Nr. 4 VOB/B genügen und somit unbefristet sein. Sie ist dann zurückzugeben, wenn die Vorauszahlungen durch entsprechende Leistungen des Auftragnehmers getilgt oder auf fällige Zahlungen des Auftragnehmers verrechnet sind.

<table>
<tr><td>Merke:</td></tr>
<tr><td>Eine Vorauszahlungsbürgschaft im Sinne von §16 VOB/B muß unbefristet sein.</td></tr>
</table>

<table>
<tr><td>Angesprochene Rechtsquellen:</td></tr>
</table>

<table>
<tr><td>§§ 16 Nr. 2, 17 Nr. 4 VOB/B
Stichwort: Bürgschaft - Vorauszahlungsbürgschaft
Urteil: OLG Karlsruhe vom 11.07.1984 (7 U 122/82)</td></tr>
</table>

Fall U 25 (-)

Wie ist die Vergütung zu berechnen, wenn beim Aushub von Rohrgräben eine Abböschung nicht ausgeführt wird?

Bauunternehmer Baufix sollte die Erdarbeiten beim Neubau des Eigenheim übernehmen. Unter anderem sollte er auch die Rohrgräben ausheben. In der Abrechnung des Baufix muß Eigenheim feststellen, daß dort plötzlich Annäherungswerte für Böschungswinkel auftauchen. Zunächst ist Eigenheim verunsichert. Er meint, gemäß der Rechnung sei eine Abböschung überhaupt nicht ausgeführt worden. Somit könne eine Vergütung nur gemäß der tatsächlich ausgehobenen Mengen verlangt werden.

Zu Recht?

Antwort:

Eigenheims Ansicht ist richtig. Der Unternehmer, der beim Aushub von Rohrgräben nicht die nach DIN 4124 zur Wahrung der Standsicherheit erforderliche Abböschung ausführt, ist nicht berechtigt, für die Mengenermittlung die in DIN 18300 genannten Annäherungswerte für die Böschungswinkel zugrunde zu legen, sondern kann nur Vergütung der tatsächlich ausgehobenen Mengen verlangen.

<table>
<tr><td>

Merke:

</td></tr>
<tr><td>

Wird beim Aushub von Rohrgräben eine Abböschung nicht ausgeführt, so kann nur Vergütung der tatsächlich ausgehobenen Mengen verlangt werden.

</td></tr>
</table>

<table>
<tr><td>Angesprochene Rechtsquellen:</td></tr>
</table>

<table>
<tr><td>

§ 14 Nr. 2 VOB/B
Stichwort: Erdarbeitenabrechnung, Rohrgräbenaushub
Urteil: OLG Düsseldorf vom 17.01.1992 (22 U 135/91)

</td></tr>
</table>

Fall U 26 (-)

Handelt der Unternehmer mit Auftrag, wenn er eine Eventualposition ohne Anordnung des Auftraggebers ausführt?

Bauunternehmer Baufix hat mit Bauherr Eigenheim einen VOB-Bauvertrag geschlossen. Baufix verpflichtet sich darin, den Rohbau für Eigenheim zu errichten. Der Bauvertrag enthält auch einige Eventualpositionen, zu denen sich Eigenheim erst noch abschließend äußern wollte. Trotz dieser Absprache führt Baufix, wenn auch versehentlich, eine solche Eventualposition ohne Anordnung durch. Als Eigenheim in einer Zwischenrechnung bemerkt, daß Baufix eine Vergütung für diese Leistung verlangt, verweigert er die Bezahlung.

Zu Recht?

Antwort:

Das Ausführen einer Eventualposition ohne Anordnung durch den Auftraggeber (Eigenheim) stellt eine auftragslose Leistung dar. Solche Leistungen werden gem. §2 Nr. 8 Abs. 1, Satz 1 VOB/B grundsätzlich nicht vergütet. Ist dagegen die VOB/B nicht als ganzes vereinbart, so könnte Baufix, wenn er ohne Auftrag eine Eventualposition ausführt, Ansprüche aus einer Geschäftsführung ohne Auftrag gem. §677 BGB sowie aus ungerechtfertigter Bereicherung gem. §812 BGB geltend machen. Vorliegend wurde jedoch die VOB/B als ganzes vereinbart, so daß ihm ein Vergütungsanspruch hier nicht zusteht.

<table>
<tr><td>

Merke:

Das Ausführen einer Eventualposition ohne Auftrag des Auftraggebers wird grundsätzlich nicht vergütet.

</td></tr>
</table>

<table>
<tr><td>Angesprochene Rechtsquellen:</td></tr>
</table>

<table>
<tr><td>

§ 2 Nr. 8 VOB/B; §§ 677, 812 BGB
Stichwort: Eventualposition, Ausführung ohne Anordnung des Auftraggebers
Urteil: OLG Karlsruhe vom 19.02.1992 (7 U 98/90)

</td></tr>
</table>

Fall U 27 (-)

Ist die AGB-Klausel des Fertighausherstellers wirksam, wonach 90% des Werklohnes 14 Tage nach der äußeren Montage fällig werden?

Eigenheim schließt mit Fertighaushersteller Baugut einen Fertighausvertrag. In den AGB-Bestimmungen, die Baugut in den Vertrag einbezieht, heißt es, daß 90% des Werklohnes ohne Rücksicht auf den Umfang der tatsächlich erbrachten Bauleistungen 14 Tage nach der äußeren Montage des Hauses zur Zahlung fällig werden. Auf den Tag genau, 14 Tage nach der äußeren Montage des Hauses, verlangt Baugut 90% des Werklohnes unter Hinweis auf seine AGB-Bestimmung. Eigenheim ist erbost, da zwar die äußere Montage des Hauses abgeschlossen ist, jedoch im Inneren praktisch noch keinerlei Arbeiten angefangen wurden. Er verweigert die Bezahlung der geforderten Summe, da maximal 50% der Werkleistung erbracht worden sind.

Kann Eigenheim die Zahlung verweigern?

Antwort:

Eigenheim kann die Zahlung verweigern. Die von Baugut verwendete AGB-Bestimmung verstößt, wenn nicht gegen die §§7, 11 Nr. 2a, so jedenfalls gegen §9 AGB-Gesetz. Die fragliche Zahlungsklausel enthält eine nach §242 BGB unangemessene Benachteiligung des Eigenheim, die zur Unwirksamkeit der Bestimmung nach §9 AGB führt. Die Zahlung von 60% des Werklohnes 2 Tage nach der äußeren Montage des Hauses und Fälligkeit weiterer 30% und damit von insgesamt 90% des Werklohnes darf nicht allein vom Zeitablauf abhängig gemacht werden, ohne daß damit zugleich auch ein Baufortschritt aufgrund zusätzlicher Leistungen des Werkunternehmers einhergeht. Ansonsten wäre die Fälligkeitsregelung mit dem Gerechtigkeitsgehalt der §§320, 322, 372 BGB nicht vereinbar.

Merke:

Eine AGB-Bestimmung, wonach 14 Tage nach der äußeren Montage des Hauses 90% des Werklohnes ohne Rücksicht auf den Umfang der tatsächlich erbrachten Bauleistungen zur Zahlung fällig werden, ist unwirksam. Eine solche Klausel verstößt gegen Treu und Glauben und ist somit nach §9 AGB-Gesetz unwirksam.

Angesprochene Rechtsquellen:

---

§§ 372, 320, 322 BGB; § 9 AGB-Gesetz
Stichwort: Fertighausvertrag - Fälligkeitsklausel, AGB-Gesetz
Urteil: BGH vom 10.07.1986 (III ZR 19/85)

Fall U 28 (-)

Verliert ein Festpreis mit Verstreichen eines bestimmten Datums seine Wirksamkeit?

Bauunternehmer Baufix soll für Eigenheim ein Haus errichten. Im Werkvertrag wurde ein bestimmter Werklohn vereinbart. Dieser war als Festpreis vereinbart für den Fall, daß bis zum 01.05.1992 mit den Bauarbeiten begonnen werden kann. Der vereinbarte Termin kann nicht eingehalten werden. Nach Abschluß der Arbeiten stellt Baufix die Schlußrechnung. Wie sich herausstellt, hat er statt des vereinbarten Festpreises mit einer angemessenen Teuerung den üblichen Werklohn nach §632 Abs. 2 BGB verlangt. Damit findet sich Eigenheim nicht ab und verweigert die Bezahlung.

Zu Recht?

Antwort:

Tatsächlich ist die Schlußrechnung des Baufix überhöht. Eine derartige Vereinbarung gibt Baufix nicht das Recht, nach Ablauf der Frist den üblichen Werklohn nach §632 Abs. 2 BGB oder einseitig einen billigen Teuerungszuschlag gem. §§315, 316 BGB zu verlangen. Baufix hat lediglich den Anspruch auf eine angemessene Entschädigung für die eingetretenen oder nachzuweisenden Kostensteigerungen gem. §642 BGB.

<table>
<tr><td>

Merke:

Bei der Vereinbarung eines bestimmten Werklohnes mit dem Zusatz „Festpreis bis zu einem bestimmten Datum" handelt es sich zwar um einen Preisvorbehalt, dieser gibt dem Unternehmer aber nicht das Recht, nach Ablauf der Frist den üblichen Werklohn nach §632, Abs. 2 BGB oder einseitig einen billigen Teuerungszuschlag gem. §§315, 316 BGB zu verlangen. Er kann lediglich eine angemessene Entschädigung für die eingetretenen oder nachzuweisenden Kostensteigerungen gem. §642 BGB verlangen.

</td></tr>
</table>

<table>
<tr><td>Angesprochene Rechtsquellen:</td></tr>
</table>

<table>
<tr><td>

§ 642 BGB
Stichwort: Festpreis - Teuerungszuschlag, Preisvorbehalt
Urteil: OLG Düsseldorf vom 24.11.1981 (23 U 105/81)

</td></tr>
</table>

Fall U 29 (-)

Wann muß der Vorbehalt wegen einer Vertragsstrafe bei einem VOB-Bauvertrag abgegeben werden?

Eigenheim hatte mit Bauunternehmer Baufix einen VOB-Bauvertrag abgeschlossen. Dabei sollten die Kellerräume einer ganz bestimmten Nutzung dienen. Sollte die Nutzung aufgrund baulicher Fehler nicht möglich sein, war eine ganz bestimmte Vertragsstrafe vorgesehen. Noch vor Bezug des Hauses und vor Abnahme hat sich Eigenheim Ansprüche auf diese Vertragsstrafe vorbehalten. Einige Tage später bezog er das Haus. Wochen später mußte er feststellen, daß die Kellerräume nicht wie vorgesehen genutzt werden können. Deshalb verlangt er von Baufix u.a. die Vertragsstrafe. Dieser meint, eine Vertragsstrafe sei jetzt nicht mehr begründet. Insbesondere sei diese nicht wirksam vorbehalten worden. Mit Abnahme des Hauses sei dieser Vertragsstrafeanspruch dann erloschen. Eigenheim hält dem entgegen, ein Vorbehalt sei bereits vor Bezug des Hauses ausgesprochen worden.

Ist dies ausreichend?

Antwort:

Der vor Bezug des Hauses ausgesprochene Vorbehalt ist wirkungslos.
Vorliegend handelt es sich um eine Abnahme gem. §12 Nr. 5 Abs. 2
VOB/B, d.h. durch Bezug des errichteten Hauses erfolgt die Abnahme
innerhalb von 6 Werktagen, wenn kein Vorbehalt erklärt wird. Dieser
Vorbehalt muß jedoch innerhalb dieser 6 Werktage erfolgen. Erfolgt er
nicht in dieser Zeit, so ist er wirkungslos. Somit hat Eigenheim Pech.
Sein Vorbehalt ist wirkungslos. Der Eintritt der Abnahmewirkung nach
§12 Nr. 5 Abs. 2 VOB/B kann dann ausgeschlossen sein, wenn die Bauleistung grobe ersichtliche Mängel aufweist oder wenn der Einzug aufgrund einer dem Auftragnehmer bekannten Zwangslage erfolgt. Dies ist
hier nicht der Fall. Deshalb ist der Vorbehalt des Eigenheim wirkungslos.

<u>Merke:</u>

**Bei einer Abnahme gem. §12 Nr. 5 Abs. 2 VOB/B durch Bezug des
errichteten Hauses muß der Vorbehalt wegen einer Vertragsstrafe
innerhalb von 6 Werktagen nach Beginn der Nutzung erklärt werden. Ein vorher ausgesprochener Vorbehalt ist wirkungslos. Der Eintritt der Abnahmewirkung nach §12 Nr. 5 Abs. 2 VOB/B kann ausgeschlossen sein, wenn die Bauleistung grobe ersichtliche Mängel
aufweist oder wenn der Einzug aufgrund einer dem Auftragnehmer
bekannten Zwangslage erfolgte.**

Angesprochene Rechtsquellen:

---

§ 12 Nr. 5 VOB/B
Stichwort: Abnahme folgend Vertragsstrafen - Vorbehalt bei fiktiver Abnahme
Urteil: OLG Düsseldorf vom 12.01.1993 (22 U 91 und 95/93)

Fall U 30 (-)

Kann der Bauunternehmer in seinen allgemeinen Geschäftsbedingungen die Klausel „Gewährleistung nach VOB" verwenden?

Bauunternehmer Baufix hat mit Kaufmann Protzig einen Bauvertrag über die Errichtung einer Lagerhalle geschlossen. In den allgemeinen Geschäftsbedingungen des Baufix heißt es, daß sich die Gewährleistung nach VOB richten solle. 3 Jahre nach Abnahme muß Protzig feststellen, daß die Halle erhebliche Mängel aufweist, die auf eine mangelhafte Bauausführung zurückzuführen sind. Daraufhin verlangt er umgehend von Baufix Mängelbeseitigung. Baufix wendet ein, Mängelbeseitigungsansprüche wären inzwischen verjährt, da eine Gewährleitung nach VOB vereinbart wurde. Damit findet sich Protzig nicht ab. Er will wissen, ob die AGB-Klausel, wonach die Gewährleistung sich nach VOB richten solle, wirksam ist.

Antwort:

Eine solche Klausel ist unwirksam. Sie kürzt die gesetzliche Gewährleistungsfrist (§638 BGB: 5 Jahre für Bauwerke) unangemessen und verstößt so gegen §9 AGB-Gesetz. Dies gilt auch, wenn beide Vertragspartner Kaufleute sind. Zwar gelten bei Kaufleuten die §10 und 11 des AGB-Gesetzes nicht, jedoch ist §9 AGB-Gesetz voll anwendbar. §9 AGB-Gesetz soll sicherstellen, daß solche Vorschriften, denen eine Ordnungs- und Leitbildfunktion zukommt, auch gegenüber Kaufleuten gelten. Genau dies ist hier der Fall. Die Klausel „Gewährleistung nach VOB" verkürzt die gesetzliche Gewährleistungsfrist unangemessen und somit ist diese unwirksam.

<table><tr><td>

Merke:

Die vom Auftragnehmer in seinem Angebot enthaltene Klausel „Gewährleistung nach VOB" ist auch dann unwirksam, wenn beide Vertragspartner Kaufleute sind, da diese Klausel die gesetzliche Gewährleistungsfrist im Sinne des §9 AGB-Gesetz unangemessen verkürzt und die VOB/B nicht als Ganzes vereinbart ist.

</td></tr></table>

<table><tr><td>

Angesprochene Rechtsquellen:

</td></tr></table>

<table><tr><td>

§ 638 BGB; § 13 VOB/B; §§ 2, 9 AGB-Gesetz
Stichwort: AGB-Klausel - Gewährleistung nach VOB
Urteil: OLG Düsseldorf vom 29.07.1994 (21 U 47/94)

</td></tr></table>

Fall U 31 (-)

Bauträger Bauform hat mit Bauunternehmer Baufix einen Bauvertrag geschlossen. Dem Vertrag werden die allgemeinen Geschäftsbedingungen der Bauform zugrunde gelegt. Darin heißt es u.a., daß der Auftraggeber berechtigt ist, vom Werklohn einen pauschalen Abzug in Höhe von 1,4% durch die Baustellenver- und entsorgung sowie einen weiteren Abzug von 0,14% für den Abschluß einer Bauleistungsversicherung vorzunehmen. Als es nun an die Bezahlung geht, nimmt Bauform den entsprechenden Abzug vor. Darüber ist Baufix empört und fragt sich, ob dieser Abzug rechtmäßig sei.

Antwort:

Ein entsprechender Abzug ist nicht zu beanstanden. Vorliegend basiert der Abzug auf einer allgemeinen Geschäftsbedingung des Auftraggebers. Durch diese allgemeine Geschäftsbedingung wird der Auftragnehmer nicht entgegen Treu und Glauben übervorteilt. Somit ist seine Geschäftsbedingung wirksam und damit der Abzug rechtmäßig.

<table>
<tr><td>Merke:</td></tr>
<tr><td>Sog. Umlageklauseln in allgemeinen Geschäftsbedingungen eines Auftraggebers sind grundsätzlich wirksam. So bestehen z.B. keine Bedenken gegen einen pauschalen Abzug in Höhe von 1,4% für Baustellenver- und -entsorgung sowie einen weiteren Abzug von 0,14% für den Abschluß einer Bauleistungsversicherung bei einem Vertrag über die Ausführung von Betonwerksteinarbeiten.</td></tr>
</table>

<table>
<tr><td>Angesprochene Rechtsquellen:</td></tr>
</table>

<table>
<tr><td>§ 9 AGB-Gesetz
Stichwort: Bauvertragsklauseln - Umlagen
Urteil: OLG Karlsruhe vom 08.03.1994 (8 U 46/93)</td></tr>
</table>

Fall U 32 (-)

Kann eine etwaige Überzahlung durch Bürgschaft auf erstes Anfordern durch die formularmäßige Vereinbarung einer Sicherheitsleistung abgesichert werden?

Bauherr Eigenheim hat mit Bauunternehmer Baufix einen Bauvertrag abgeschlossen. Zur Sicherung der Ansprüche des Bauunternehmers gewährt die B-Bank eine Bürgschaft auf erstes Anfordern. Durch allgemeine Geschäftsbedingungen werden Sicherheitsleistungen vereinbart, die eine etwaige Überzahlung auf erstes Anfordern sichern sollen. D.h. sollte die Bank auf erstes Anfordern des Bauunternehmers zuviel bezahlen, so wäre ihr Rückzahlungsanspruch bez. der Überzahlung durch eine entsprechende Sicherheitsleistung gesichert.

Ist eine solche formularmäßige Vereinbarung der Sicherheitsleistung möglich?

Antwort:

Eine solche formularmäßige Vereinbarung verstößt nicht gegen AGB-Gesetz und ist somit zulässig.

<table><tr><td>

Merke:
</td></tr><tr><td>

Die formularmäßige Vereinbarung der Sicherheitsleistung für etwaige Überzahlungen durch Bürgschaft auf erstes Anfordern verstößt nicht gegen AGB-Gesetz und ist zulässig.
</td></tr></table>

Angesprochene Rechtsquellen:

§ 9 AGB-Gesetz
Stichwort: Bürgschaft auf erstes Anfordern - AGB-Gesetz
Urteil: OLG Stuttgart vom 27.10.1993 (1 U 143/93)

Fall U 33 (-)

Kann der Unternehmer einen Schadenersatzanspruch für den Fall der Nichtvorlage einer Zahlungsgarantie einer Bank durch seine AGB begründen?

Bauherr Eigenheim schließt mit Bauunternehmer Baufix einen Bauvertrag ab. In den allgemeinen Geschäftsbedingungen des Baufix heißt es, daß der Bauherr bis spätestens 4 Wochen vor Baubeginn eine unwiderrufliche Zahlungsgarantie einer Bank vorlegen muß. Für den Fall, daß der Bauherr dem nicht nachkommt, kann der Auftragnehmer vom Vertrag zurücktreten. Darüber hinaus hat er Anspruch auf erbrachte Vorleistungen und nachgewiesenen weiteren Schaden. Eigenheim macht sich auf die Suche nach einer entsprechenden Bank. Allerdings wird er diesbezüglich nicht fündig, so daß er die entsprechende Zahlungsgarantie 4 Wochen vor dem geplanten Baubeginn nicht vorlegen kann. Daraufhin tritt Baufix vom Vertrag zurück und verlangt unter Hinweis auf seine AGB-Klausel die Bezahlung von erbrachten Vorleistungen und Ersatz darüber hinausgehenden nachgewiesenen weiteren Schadens.

Zu Recht?

Antwort:

Ansprüche aufgrund dieser AGB-Klausel bestehen nicht. Eine solche Klausel ist nichtig. Sie benachteiligt den Bauherrn entgegen dem Gebot aus Treu und Glauben unangemessen. Eine solche Klausel verstößt insbesondere gegen §11 Nr. 2 AGB-Gesetz. Dies gilt auch, wenn es sich um Formularerklärungen handelt, die der Bauunternehmer bei der Abwicklung eines Vertrages verwendet.

<table>
<tr><td>

Merke:

Zum Nachweis, daß die Finanzierung des Bauvorhabens gesichert ist, muß der Auftraggeber eine unwiderrufliche Zahlungsgarantie einer Bank vorlegen. Sollte die Zahlungsgarantie nicht spätestens 4 Wochen vor Baubeginn vorliegen, kann der Auftragnehmer vom Vertrag zurücktreten. In diesem Fall hat er Anspruch auf erbrachte Vorleistungen und Ersatz nachgewiesenen weiteren Schadens. Auch eine Formularerklärung gleichen Inhalts unterliegt der Inhaltskontrolle nach AGB-Gesetz und wäre somit auch unwirksam.

Zu beachten ist, wenn ein Verwender seine AGB bei der Abwicklung eines Vertrages selbst in einem bestimmten Sinne auslegt, er sich mit seinem Vorbringen, die Klausel sei richtigerweise anders und einschränkend auszulegen, treuwidrig in Widerspruch zu seinem eigenen Verhalten setzt.

</td></tr>
</table>

<table>
<tr><td>Angesprochene Rechtsquellen:</td></tr>
</table>

<table>
<tr><td>

§§ 9 und 11 Nr. 2 AGB-Gesetz
Stichwort: Finanzierungsklausel - Bankgarantie
Urteil: BGH vom 16.09.1993 (VII ZR 206/92)

</td></tr>
</table>

Fall U 34 (-)

Verliert ein Fristablauf seine Wirkung, wenn der Bauherr danach weitere Arbeiten des Bauunternehmers annimmt?

Bauherr Eigenheim hatte mit Bauunternehmer Baufix einen Bauvertrag geschlossen. Da Baufix die vorgesehenen Termine nicht einhalten kann, setzt Eigenheim Baufix eine entsprechende Frist, bis zu welcher er wieder im Terminplan sein muß. Diese Frist kann Baufix nicht einhalten. Allerdings nimmt Eigenheim weitere Arbeiten des Baufix nach Fristablauf an. Dennoch kündigt er Baufix, da dieser die vereinbarten Termine trotz Friststellung nicht einhalten konnte. Baufix hält dieser Kündigung entgegen, daß im vorliegenden Fall eine erneute Friststellung nebst Androhung des Auftragsentzuges hätte gestellt werden müssen.

Zu Recht?

Antwort:
Es bedarf einer erneuten Fristsetzung. Hat der Auftraggeber dem Auftragnehmer gem. §5 Nr. 4 VOB/B eine Frist gesetzt und die Entziehung des Auftrages angedroht, aber nach Ablauf der Frist noch weitere Arbeiten des Auftragnehmers angenommen, so kann er erst nach erneuter Fristsetzung nebst Androhung des Auftragsentzuges wirksam gem. §8 Nr. 3 VOB/B kündigen. Auf eine Fristsetzung kann nur dann verzichtet werden, wenn der Auftragnehmer schwerwiegend und schuldhaft gegen eine Vertragspflicht verstoßen hat. Die Vertrauensgrundlage des Bauvertrages muß erschüttert sein. Dazu reichen Terminüberschreitungen nicht aus. Die Kündigung ist vorliegend unwirksam.

<table>
<tr><td>

Merke:

</td></tr>
<tr><td>

Will der Auftraggeber wegen Fristversäumnis kündigen, so muß er eine angemessene Frist setzen und die Kündigung androhen. Nimmt er nach Fristablauf weitere Arbeiten an, so hat er eine Neufrist zu setzen. Hiervon kann nur dann eine Ausnahme gemacht werden, wenn die Vertrauensgrundlage des Bauvertrages erschüttert ist. Eine einfache Terminüberschreitung reicht hierzu nicht aus.

</td></tr>
</table>

<table>
<tr><td>Angesprochene Rechtsquellen:</td></tr>
</table>

<table>
<tr><td>

§§ 5 Nr. 4, 8 Nr. 3 VOB/B
Stichwort: Kündigungsvoraussetzung - Bewirkung Friststellung
Urteil: OLG Düsseldorf vom 28.07.1993 (22 U 38/93)

</td></tr>
</table>

Fall U 35 (-)

Der Bauunternehmer verweigert die Beseitigung von Mängeln. Kann der Bauherr kündigen und Schadenersatz verlangen?

Bauherr Eigenheim hat mit Bauunternehmer Baufix einen Bauvertrag abgeschlossen. Beim Abnahmetermin fallen Eigenheim erhebliche Mängel auf. Deshalb verweigert er die Abnahme. Der Bauunternehmer Baufix meint, diese Mängel gehen nicht zu seinen Lasten. Er verweigert die Mängelbeseitigung. Daraufhin kündigt Eigenheim den Vertrag. Er wendet sich an einen anderen Bauunternehmer, der die entstanden Schäden beseitigt. Eigenheim verlangt nun Schadenersatz von Baufix für die ihm entstandenen Mehrkosten.

Zu Recht?

Antwort:

Der Schadenersatzanspruch des Eigenheim ist begründet. Zwar bringt hier der Bauunternehmer Baufix vor, daß die Mängel nicht von ihm verursacht wurden; da diese im zeitlichen und örtlichen Zusammenhang mit seinen Arbeiten aufgetreten sind, trifft ihn die Beweislast dafür, daß diese Mängel nicht durch seine Arbeiten aufgetreten sind. Diesen Nachweis kann er vorliegend nicht erbringen. Somit war die Verweigerung der Mängelbeseitung unbegründet. Begründet hingegen war deshalb die Kündigung durch Eigenheim. Wegen der entstandenen Mehrkosten ist er auch berechtigt, Schadenersatz zu verlangen.

Merke:

Verweigert ein Bauunternehmer <u>vor</u> Abnahme ernsthaft und endgültig die Beseitigung von Mängeln, so kann der Auftraggeber nach §8 Nr. 3 VOB/B den Vertrag kündigen und den nicht vollendeten Teil der Leistung zu Lasten des Bauunternehmers durch Dritte ausführen lassen und - auch für die Mängelbeseitigung - weiteren Schadenersatz verlangen. Ein Bauunternehmer muß vor Abnahme seiner Leistungen den Beweis führen, daß Mängel und Schäden, die im zeitlichen und örtlichen Zusammenhang mit seinen Arbeiten aufgetreten sind, nicht durch seine Tätigkeit verursacht wurden.

Angesprochene Rechtsquellen:

---

§§ 4 Nr. 7, 8 Nr. 3 VOB/B
Stichwort: Mängelbeseitigungsanspruch - Kündigung vor Abnahme, Schadenersatz
Urteil: OLG Hamm vom 17.02.1993 (26 U 40/92)

Fall U 36 (-)

Der Unternehmer verlangt 10% mehr als in seiner Kalkulation ausgewiesen. Muß er seine Kalkulation offenlegen?

Eigenheim hatte mit Baufix einen VOB-Bauvertrag über die Errichtung eines Wohnhauses geschlossen. Eines Tages erscheint Baufix bei Eigenheim und verlangt die Vereinbarung eines höheren Preises gem. §2 Nr. 3 Abs. 2 VOB/B wegen Überschreitung des Mengenansatzes um mehr als 10%. Eigenheim verweigert eine derartige Vereinbarung. Insbesondere ist es ihm nicht möglich, die Mengenansätze des Baufix nachzuvollziehen. Daraufhin versucht Baufix, eine solche Vereinbarung auf dem gerichtlichen Wege zu erreichen. Er verweigert jedoch die Offenlegung seiner Kalkulation.

Wie wird das Gericht entscheiden?

Antwort:

Das Gericht wird die Klage abweisen. Verlangt der Kläger die Vereinbarung eines höheren Preises wegen Überschreitung des Mengenansatzes um mehr als 10% gem. §2 Nr. 3 Abs. 2 VOB/B, so hat er die Kalkulation des ursprünglichen Angebotspreises offenzulegen, da im Streitfall das Gericht den neuen Einheitspreis auf der Grundlage der Kalkulation des ursprünglichen Angebotspreises unter Berücksichtigung der Mehr- und Minderkosten festzulegen hat. Wird die ursprüngliche Kalkulation nicht offengelegt und ist auch eine Schätzung dieser Kalkulation nicht möglich, ist das Erhöhungsbegehren unbegründet und die Klage abzuweisen.

<u>Merke:</u>

Verlangt der Werkunternehmer eine Erhöhung des Preises wegen Überschreitung des Mengenansatzes um mehr als 10% gem. §2 Nr. 3 Abs. 2 VOB/B, so ist von ihm immer die Offenlegung seiner Kalkulation des ursprünglichen Angebotspreises zu verlangen. Kommt er diesem Begehren nicht nach, so ist eine Vereinbarung über den höheren Preis abzulehnen.

Angesprochene Rechtsquellen:

§ 2 Nr. 3 VOB/B
Stichwort: Mehrmengeneinheitspreiserhöhung - Kalkulation
Urteil: OLG München vom 14.07.1993 (27 U 191/92)

Fall U 37 (-)

Ist die Klausel „Einheitspreise sind Festpreise" wirksam?

Bauträger Schönbau schließt mit Bauunternehmer Baufix einen Bauvertrag. Dieser enthält die Formularklausel „Die Einheitspreise sind Festpreise für die Dauer der Bauzeit und behalten auch dann ihre Gültigkeit, wenn Massenänderungen im Sinne von §2 Nr. 3 VOB/B eintreten." Als Baufix nun feststellt, daß es zu einer Mengenüberschreitung kommen wird, verlangt er eine Vereinbarung über einen neuen Preis gem. §2 Nr. 3 VOB/B. Die Firma Schönbau verweigert dies unter Hinweis auf die Formularklausel.

Zu Recht?

Antwort:

Schönbau verweigert zu Recht. Hierbei kommt es vorwiegend auf die Wirksamkeit der von Schönbau verwendeten Formularklausel an. Insbesondere könnte diese Klausel gegen AGB-Gesetz verstoßen. Wie jedoch der BGH feststellt, kann in der Verwendung dieser Formularklausel keine Übervorteilung des Baufix gesehen werden, so daß ein Verstoß gegen §9 AGB-Gesetz nicht ausgesprochen wird. Somit ist diese Klausel wirksam und Baufix kann keine Vereinbarung über einen neuen Preis verlangen.

<table>
<tr><td>Merke:</td></tr>
<tr><td>Die von einem Auftraggeber in einem Einheitspreisvertrag verwandte Formularklausel „Die Einheitspreise sind Festpreise für die Dauer der Bauzeit und behalten auch dann ihre Gültigkeit, wenn Massenänderungen im Sinne von §2 Nr. 3 VOB/B eintreten" verstößt nicht gegen §9 AGB-Gesetz.</td></tr>
</table>

<table>
<tr><td>Angesprochene Rechtsquellen:</td></tr>
</table>

<table>
<tr><td>§ 2 Nr. 3 VOB/B; § 9 AGB-Gesetz
Stichwort: Mengenänderungen - Ausschluß § 2 Nr. 3 VOB/B in AGB
Urteil: BGH vom 08.07.1993 (VII ZR 79/92)</td></tr>
</table>

Fall U 38 (-)

Welche Unterlagen muß der Unternehmer in seiner Kalkulation berücksichtigen, wenn er einen Pauschalfestpreis anbietet?

Bauherr Eigenheim hat mit Bauunternehmer Baufix einen Bauvertrag geschlossen. In diesem Bauvertrag wurde ein Pauschalfestpreis vereinbart. Baufix hat in seiner Kalkulation die Angebotsunterlagen sorgfältig geprüft und ausgewertet. Weitere ihm überlassene Unterlagen wie detaillierte Zeichnungen, die ihm nachträglich vor Vertragsschluß übergeben wurden, wurden nicht berücksichtigt. Während der Ausführung der Arbeiten muß Baufix feststellen, daß seine Kalkulation absolut unrichtig war. Er meint, dieser Kalkulationsfehler gehe darauf zurück, daß die Angebotsunterlagen mangelhaft gewesen wären und ihm die richtigen Unterlagen erst einen Tag vor Vertragsabschluß überlassen wurden. Deshalb möchte er die Vergütung nach §2 Nr. 7 VOB/B anpassen.

Ist der Anspruch des Baufix begründet?

Antwort:

Der Anspruch des Baufix ist nicht begründet. Der Unternehmer, der einen Pauschalfestpreis anbietet, muß zum Zwecke der Kalkulation nicht nur die Angebotsunterlagen sorgfältig prüfen und auswerten, sondern auch alle anderen Unterlagen, auch die nachträglich übergebenen. Es wurden jedoch nur die vor Vertragsabschluß übergebenen berücksichtigt. Es kommt nicht darauf an, wie lange ihm vorher die Unterlagen überlassen wurden, im Zweifel muß der Vertragsabschluß verschoben werden. Baufix ist also an seinen Pauschalfestpreis gebunden.

<table>
<tr><td>

Merke:

Der Unternehmer hat sämtliche Angebotsunterlagen zur Kalkulation für einen Pauschalfestpreis sorgfältig zu prüfen und auszuwerten und darüber hinaus alle anderen Unterlagen, auch ihm nachträgliche, jedoch noch vor Vertragsschluß übergebene zu berücksichtigen. Übergibt der Architekt dem Unternehmer im Kalkulationsstadium zunächst die Pläne im Maßstab 1:200, später die Pläne im Maßstab 1:100, so darf sich der Unternehmer nicht auf etwaige mündliche Angaben des Architekten verlassen, sondern muß auch die neuen Pläne sorgfältig prüfen.

</td></tr>
</table>

<table>
<tr><td>Angesprochene Rechtsquellen:</td></tr>
</table>

<table>
<tr><td>

§§ 2 Nr. 6 und 2 Nr. 7 VOB/B
Stichwort: Pauschalpreis - Mehrvergütungsanspruch, geschuldeter Leistungsumfang
Urteil: OLG Karlsruhe vom 29.12.1989 (8 U 5/89)

</td></tr>
</table>

Fall U 39 (-)

Kann ein ordnungsgemäß ausgeführtes Werk mangelhaft sein?

Bauunternehmer Baufix sollte den Rohbau für Eigenheim errichten. Dabei erkannte er, daß die ihm in Auftrag gegebene Werkleistung als Grundlage für Folgeleistungen anderer Unternehmer nicht geeignet war. Dennoch führte er das bestellte Werk aus. Mängel waren daran nicht zu erkennen. Als Eigenheim klar wurde, daß diese Vorleistung ungeeignet war, verlangte er von Baufix entsprechende Umrüstung. Baufix verweigert mit der Begründung, daß seine Leistung mangelfrei sei. Ist die Arbeit des Baufix mangelhaft und kann Eigenheim deshalb Mängelbeseitigung verlangen?

Antwort:

Eigenheim kann Mängelbeseitigung verlangen. Das von Baufix errichtete Werk ist tatsächlich mangelhaft. Erkennt nämlich der Unternehmer, daß seine Werkleistung als Grundlage zur Folgeleistungen anderer Unternehmen nicht geeignet ist, so trifft ihn eine Aufklärungspflicht gegenüber dem Auftraggeber. Kommt er dieser nicht nach, so wird sein eigenes Werk, auch wenn es ordnungsgemäß ausgeführt wurde, mangelhaft. Somit besteht ein Mangel am Werk.

<table>
<tr><td>

Merke:

Der Werkunternehmer, der erkennt, daß die ihm in Auftrag gegebene Werkleistung als Grundlage für Folgeleistungen anderer Unternehmer nicht geeignet ist, muß den Auftraggeber auf diesen Umstand hinweisen, bevor er seine Arbeit ausführt. Tut er dies nicht, ist ein eigenes Werk auch dann mangelhaft, wenn seine Arbeiten, isoliert betrachtet, ordnungsgemäß ausgeführt sind.

</td></tr>
</table>

Angesprochene Rechtsquellen:

§ 631, 242 BGB; § 4 Nr. 3 VOB/B
Stichwort: Prüfungs- und Hinweispflicht - Nachfolgeunternehmer
Urteil: OLG Köln vom 22.12.1993 (16 U 50/93)

Fall U 40 (-)

Wann kann das Gericht von einer Schätzung des Schadens absehen, wenn ein solcher nicht konkret dargelegt werden kann?

Bauherr Eigenheim hatte mit Bauunternehmer Schlitzohr einen Bauvertrag geschlossen. Wie sich herausstellte, machte Schlitzohr vor Vertragsschluß falsche Angaben, die Eigenheim erst bewogen, den Vertrag abzuschließen. Hätte Eigenheim den wahren Sachverhalt gekannt, wäre ein Vertrag zumindest nicht in dieser Form abgeschlossen worden. Dadurch erlitt Eigenheim unzweifelhaft einen Schaden. Die Höhe des Schadens kann nicht exakt festgestellt werden. Eigenheim verlangt nun von Schlitzohr Ersatz des Vertrauensschadens nach den Grundsätzen des Verschuldens vor Vertragsschluß (c.i.c.)). Daneben verlangt er Rückgängigmachung des Vertrages.

Zu Recht?

Antwort:

Vorliegend ergibt sich für das Gericht das Problem, daß hier dieser Schaden nicht konkret beziffert werden kann. Grundsätzlich steht dem Gericht mit §287 ZPO die Möglichkeit zu, einen Schaden schätzen zu können. Probleme ergeben sich jedoch dann, wenn der Sachvortrag des Geschädigten eine abschließende Beurteilung seines gesamten Schadens nicht zuläßt.

Wird jemand durch falsche Angaben seines späteren Vertragspartners zum Abschluß eines Vertrages veranlaßt, kann ihm ein Ersatz auf Anspruch des Vertrauensschadens zustehen. Aufgrund eines solchen Anspruches auf Ersatz des Vertrauensschadens kann der Geschädigte nicht nur Rückgängigmachung des Vertrages verlangen, der Anspruch kann vielmehr auch auf Ersatz der durch die Handlung verursachten Mehraufwendungen gerichtet sein, ohne daß es in jedem Fall darauf ankommt, ob die Leistung dem verlangten Preis objektiv entsprochen hat. Hier hat Eigenheim einen Anspruch auf Schadenersatz und auf Rückgängigmachung des Vertrages.

<table><tr><td>

Merke:

Ist eine Schätzung des Schadens nach §287 ZPO erschwert, weil der Sachvortrag des Geschädigten eine abschließende Beurteilung seines gesamten Schadens nicht zuläßt, so kann das Gericht von einer Schätzung absehen. Es hat zu prüfen, ob und in welchem Umfang ein auszugleichender Schaden ermittelt werden kann.

</td></tr></table>

<table><tr><td>

Angesprochene Rechtsquellen:

</td></tr></table>

<table><tr><td>

§ 287 ZPO; §§ 276, 249 BGB
Stichwort: Schadenschätzung - Mindestschaden, Vertrauensschaden
Urteil: BGH vom 12.10.1993 (X ZR 65/92)

</td></tr></table>

Fall U 41 (-)

Welche Version der VOB gilt, wenn es in einer Klausel des Bauvertrages heißt: „Es gilt die VOB der neuesten Auflage?"

Anfang 1990 schließt Eigenheim mit Bauunternehmer Baufix einen Bauvertrag. Darin heißt es, es gelte die VOB der neuesten Auflage. Nach Fertigstellung des Rohbaues im Herbst 1990 kommt es zu Streitigkeiten. Dabei ist unklar, welche VOB gelten soll. Baufix meint, es gelte die Fassung, welche im Juli 1990 in Kraft getreten ist. Eigenheim dagegen meint, die Version von 1988 sei hier maßgeblich.

Antwort:

Es gilt die Ausgabe, die zum Zeitpunkt des Vertragsabschlusses galt. Somit gilt die Fassung von 1988.

<table>
<tr><td>

Merke:

</td></tr>
<tr><td>

Die Klausel in einem Anfang 1990 abgeschlossenen Bauvertrag, es gelte die VOB der neuesten Auflage, bedeutet, daß die zum Zeitpunkt des Vertragsabschlusses geltende, aktuelle Fassung gemeint ist, nicht erst die ab Juli 1990 geltende Neufassung.

</td></tr>
</table>

Angesprochene Rechtsquellen:

§ 16 Nr. 3 VOB/B
Stichwort: Schlußzahlungseinrede, VOB Neufassung
Urteil: KG Berlin vom 20.04.1993 (7 U 4048/92)

Fall U 42 (-)

Reicht ein bloßer Hinweis auf die Geltung der VOB/B, um diese wirksam in den Vertrag einzubeziehen?

Reiner Schwäbli wendet sich an den Bauunternehmer Baufix und beauftragt diesen, ihm ein Haus zu errichten. In dem Bauvertrag heißt es: Es gilt die VOB/B. Nach Fertigstellung der Arbeiten, jedoch vor Ablauf der vereinbarten Ausführungsfrist, fordert er Schwäbli unter Hinweis auf §12 VOB/B auf, den Rohbau insoweit abzunehmen. Schwäbli versäumt die im §12 Nr. 1 genannte Frist von 12 Werktagen. Da Schwäbli in der Folgezeit einige Mängel entdeckt, möchte er Mängelbeseitigungs- bzw. Schadenersatzansprüche geltend machen. Baufix verweist auf den Bauvertrag, welcher wiederum die VOB/B mit einbezieht. Baufix verweist hier insbesondere auf §12 Nr. 1, wonach der Auftraggeber binnen 12 Tagen verpflichtet ist, das Werk abzunehmen.

Scheitern die Schadenersatzansprüche des Schwäbli tatsächlich an der Versäumung dieser Frist?

Antwort:

Schadenersatzansprüche bzw. Mängelbeseitigungsansprüche sind schon wegen Versäumnis dieser Frist ausgeschlossen, da die VOB/B vorliegend nicht wirksam in den Vertrag einbezogen worden ist. Nach ständiger und somit verfestigter Rechtsprechung gilt, daß die VOB/B gegenüber einem weder im Baugewerbe tätigen noch sonst im Baubereich bewanderten Vertragspartner nicht durch den bloßen Hinweis auf ihre Geltung in den Vertrag einbezogen werden kann.

<table>
<tr><td>

Merke:

Soll die VOB/B in den Bauvertrag mit einem im Baugewerbe nicht bewanderten Vertragspartner einbezogen werden, so reicht ein bloßer Hinweis auf ihre Geltung nicht aus.

</td></tr>
</table>

<table>
<tr><td>Angesprochene Rechtsquellen:</td></tr>
</table>

<table>
<tr><td>

§ 2 AGB-Gesetz
Stichwort: VOB-Vereinbarung - Einbeziehung durch Hinweis?
Urteil: BGH vom 19.05.1994 (VII ZR 26/93)

</td></tr>
</table>

Fall U 43 (-)

Muß ein befristetes Angebot in der entsprechenden Frist angenommen werden?

Franz Lässig möchte sich ein Haus bauen. Dazu hat er sich an verschiedene Bauunternehmer gewandt mit der Bitte, ihm ein Angebot zuzusenden. Darunter war auch der Bauunternehmer Penibel. Dieser hat ihm zur Annahme des von ihm erbrachten Angebots eine Frist von 10 Tagen gesetzt. Danach hatte sich Lässig innerhalb dieser Frist zu entscheiden, ob er das Angebot annehmen wolle. Lässig nutzt diese Frist voll aus und entscheidet sich erst am 10. Tag, das Angebot anzunehmen. Unverzüglich sendet er einen Brief an den Unternehmer Penibel, in dem er ihm mitteilt, daß er das Angebot annehmen werde. Dieser geht am 11. Tag bei Penibel ein. Penibel meint, er könne dieses Angebot nicht länger aufrecht erhalten und glaubt, ein Vertrag sei nicht zustandegekommen.

Zu Recht?

Antwort:

Hier ist tatsächlich ein Vertrag zustandegekommen. Hat der Antragende
für die Annahme seines Angebots festgelegt, daß der andere Teil über den
Antrag binnen einer bestimmten Frist zu entscheiden hat, so muß die
Mitteilung der Annahmeentscheidung dem Antragenden nicht innerhalb
der Frist zugehen. Der Annehmende ist nur gehalten, seine Entscheidung
fristgemäß zu treffen und dies dem Antragenden unverzüglich mitzutei-
len. Unverzüglich bedeutet dabei, daß die Mitteilung ohne schuldhaftes
Zögern erfolgt. Dabei dürfte unbestritten sein, daß ein Tag nach Ablauf
der bestimmten Frist eine Mitteilung noch unverzüglich ist. Wie weit
dieses unverzüglich reicht, ist jedoch vom Einzelfall her zu beurteilen.
Dabei sind vor allen Dingen auch die Interessen des Anbieters zu berücksichtigen.

<table>
<tr><td>

Merke:

**Hat sich jemand innerhalb einer bestimmten Frist zu entscheiden, ob
er ein Angebot annehmen wolle, so muß er sich lediglich innerhalb
dieser Frist entscheiden, die Annahmeerklärung muß dem Anbieten-
den jedoch nicht innerhalb dieser Frist zugehen. Maßgeblich ist nur,
daß die Mitteilung unverzüglich auf den Weg gebracht wird.**

</td></tr>
</table>

Angesprochene Rechtsquellen:

§§148, 133, 157 und 242 BGB
Stichwort: Angebot, Bindefrist-Annahme
Urteil: OLG Düsseldorf vom 17.05.1994 (23U 129/93)

Fall U 44 (-)

Haftet der Werkunternehmer aus Verzug, wenn er ein Bauwerk nicht in der sich nach den Umständen als angemessen zu betrachtenden Ausführungszeit erstellt?

Bauherr Eigenheim hat mit Bauunternehmer Schlampig einen Bauvertrag abgeschlossen. Schlampig beginnt auch planmäßig mit den Arbeiten. Da Schlampig jedoch zu viele Aufträge angenommen hat, gehen die Bauarbeiten beim Neubau des Eigenheim nur sehr schleppend voran. Aus diesem Grund kommt es letztendlich zu einer deutlichen Verzögerung der Fertigstellung des Neubaus. Als der Rohbau nach 2 Monaten noch nicht fertiggestellt ist, mahnt Eigenheim die Fertigstellung an. Daraufhin geschieht nicht viel. Der Rohbau scheint nicht fertig zu werden und Eigenheim muß länger in einer Mietwohnung wohnen.

Eigenheim fragt sich nun, ob er diesen Schaden von Schlampig verlangen kann.

Antwort:
Eigenheim kann hier sehr wohl einen Verzugsschaden geltend machen. Der Werkunternehmer ist grundsätzlich dazu verpflichtet, den Auftrag in einer als angemessen zu betrachtenden Ausführungszeit auszuführen. Zwei Monate erscheinen für die Fertigstellung eines Rohbaus (Einfamilienhaus) als angemessen. Verzug setzt weiterhin eine Mahnung voraus. Eine solche ist hier erfolgt. Der Verzug müßte auch verschuldet sein. Dabei muß sich das Verschulden nicht auf den Schadenseintritt beziehen, sondern lediglich auf den Verzug. Diese Voraussetzungen sind hier erfüllt. Somit kann Eigenheim einen Verzugsschaden geltend machen.

<table><tr><td>Merke:</td></tr><tr><td>Ein Werkunternehmer, der das von ihm auszuführende Bauwerk nicht in der nach den Umständen als angemessen zu betrachtenden Ausführungszeit erbringt, ist zum Ersatz des Verzugsschadens verpflichtet.</td></tr></table>

<table><tr><td>Angesprochene Rechtsquellen:</td></tr></table>

<table><tr><td>§§ 286, 271 BGB
Stichwort: Bauverzögerung - Angemessene Ausführungsfrist, Verzugsschaden
Urteil: OLG Frankfurt vom 08.02.1994 (10 U 14/93)</td></tr></table>

Muß der Unternehmer Vorkehrungen treffen, um typische Verschmutzungen zu vermeiden?

Malermeister Pinsel wurde von Fröhlich beauftragt, seine Eigentumswohnung zu streichen. Pinsel freut sich über diesen leichten Auftrag, da er ihn von dem Lehrling Schludrig erledigen lassen kann. Schludrig trifft nicht die nötigen Vorbereitungen wie Möbel abzudecken, Fensterrahmen abzukleben usw. Die Fensterrahmen, Möbel, Teppiche, Türrahmen, Sokkelleisten usw. werden gesprenkelt. Fröhlich stellt den entstandenen Schaden dem Malermeister Pinsel in Rechnung.

Zu Recht?

Antwort:
Selbstverständlich kann Fröhlich hier Schadenersatz verlangen. Die entstandenen Schäden stellen eine Eigentumsverletzung im Sinne des §823 Abs. 1 BGB dar. Auch daß die Arbeiten von Schludrig ausgeführt wurden, ändert daran nichts, da dieser für Pinsel gearbeitet hat. Festzustellen ist, daß es zu den unverzichtbaren Vorbereitungshandlungen des Handwerkers gehört, vor Aufnahme der Arbeiten Maßnahmen zu ergreifen, um typische Verschmutzungen zu vermeiden. Deshalb hätte Schludrig durch Abdeckungen und Abkleben Vorkehrungen treffen müssen. Auch hat Fröhlich ein Interesse am makellosen Zustand seiner Sachen. Dies wurde beeinträchtigt. Somit steht Fröhlich auch ein Schadenersatzanspruch aus §831 (§832 Abs. 1) BGB zu.

<table><tr><td>

Merke:

Sind Verschmutzungen die typische Folge der Ausführung der Werkleistung, so gehört es zu den unverzichtbaren Vorbereitungshandlungen des Handwerkers, vor Aufnahme der Arbeiten Maßnahmen zu ergreifen, um Verschmutzungen zu vermeiden.
Eine Eigentumsverletzung im Sinne des §823 Abs. 1 BGB ist dann zu bejahen, wenn das Interesse am Zustand der Sache beeinträchtigt wird und dem Eigentümer ein nicht unerheblicher Instandsetzungsaufwand entsteht.

</td></tr></table>

Angesprochene Rechtsquellen:

§§631, 823 BGB
Stichwort: Eigentumsverletzung - Verschmutzungen, Schutzpflicht des Werkunternehmers
Urteil: OLG Düsseldorf vom 17.03.1994 (5 U 233/93)

Fall U 46 (-)

Handelt es sich bei der Füllung von Arbeitsräumen nach Fertigstellung eines Rohbaus um Arbeiten an einem Bauwerk?

Eigenheim hat sich vom Bauunternehmer Baufix einen Rohbau errichten lassen. Nach Fertigstellung wurden die Arbeitsräume verfüllt. Diese Verfüllung wurde nicht ordnungsgemäß durchgeführt. Dies stellt sich erst 1 ½ Jahre später heraus. Eigenheim verlangt nun die Beseitigung dieser Mängel. Baufix meint, Gewährleistungsansprüche diesbezüglich seien bereits verjährt, da es sich um Arbeiten an einem Grundstück handle, welche sowohl nach §13 Nr. 4 VOB/B als auch nach §638 BGB in einem Jahr verjähren. Deshalb seien Ansprüche ausgeschlossen.

Zu Recht?

Antwort:
Baufix hat hier Unrecht. Wie das OLG Düsseldorf festgestellt hat, handelt es sich bei der Verfüllung der Arbeitsräume nicht um Arbeiten an einem Grundstück, sondern Arbeiten an einem Bauwerk. Demnach beträgt die Verjährungsfrist unter der Voraussetzung, daß die VOB/B vereinbart worden ist, gemäß §13 Nr. 4 VOB/B 2 Jahre. Ist die VOB/B nicht wirksam in den Vertrag einbezogen worden, so würde die Verjährung sogar 5 Jahre gemäß §638 BGB betragen.

<table>
<tr><td>Merke:</td></tr>
<tr><td>Bei der Verfüllung der Arbeitsräume nach Fertigstellung der Rohbauarbeiten an einem Wohngebäude handelt es sich um Arbeiten an einem Bauwerk, für welche die 2jährige Verjährungsfrist nach §13 Nr. 4 VOB/B gilt, wenn diese wirksam in den Bauvertrag einbezogen worden war.</td></tr>
</table>

<table>
<tr><td>Angesprochene Rechtsquellen:</td></tr>
</table>

<table>
<tr><td>§§ 13 Nr. 4 VOB/B; 638 BGB
Stichwort: Gewährleistungsfrist - Bauwerksarbeiten, Arbeitsraumverfüllung
Urteil: OLG Düsseldorf vom 20.04.1994 (22 U 15/94)</td></tr>
</table>

Fall U 47 (-)

Kann der Bauherr vom gekündigten Unternehmer einen Kostenvorschuß für die Mängelbeseitigung verlangen?

Eigenheim hatte mit Bauunternehmer Baufix einen Werkvertrag geschlossen. Da das hergestellte Werk jedoch einige Mängel aufwies, setzte Eigenheim dem Baufix eine Frist und erklärte, bei fruchtlosem Ablauf würde er kündigen. Eigenheim mußte kündigen. Daraufhin beauftragte er einen anderen Unternehmer mit der Mängelbeseitigung. Noch bevor die Mängel beseitigt wurden, verlangt er von Baufix einen Kostenvorschuß hierfür.

Ist er dazu berechtigt?

Antwort:

Tatsächlich ist Eigenheim dazu berechtigt. Aus §4 Nr. 7 Satz 2 VOB/B ergibt sich nämlich, daß der Unternehmer die aus einem Mangel entstehenden Schäden dann zu ersetzen hat, wenn er den Mangel zu vertreten hat. Dies ist vorliegend der Fall. Gemäß §8 Nr. 3 Abs. 2 Satz 1 VOB/B ist der Bauherr berechtigt, zur Vollendung der Arbeiten einen dritten Unternehmer zu beauftragen. Für die entstandenen Kosten hat dann der Unternehmer Baufix einzustehen.

<table>
<tr><td>

Merke:
</td></tr>
<tr><td>

Auch nach Kündigung des Werkvertrages hat der Bauherr einen Anspruch auf Kostenvorschuß für die Mängelbeseitigung gemäß §8 Nr. 3 Abs. 2 Satz 1 in Verbindung mit §4 Nr. 7 Satz 2 VOB/B.
</td></tr>
</table>

<table>
<tr><td>Angesprochene Rechtsquellen:</td></tr>
</table>

<table>
<tr><td>

§§ 633, 634 BGB; 4 Nr. 7, 8 Nr. 3, 13 VOB/B
Stichwort: Kündigungsfolgen - Gewährleistungsansprüche
Urteil: OLG Schleswig vom 23.12.1994 (1 U 213/92)
</td></tr>
</table>

Fall U 48 (-)

Wie ist zu verfahren, wenn ein Pauschalpreis vereinbart war und vor Fertigstellung gekündigt wird?

Eigenheim hatte mit Bauunternehmer Baufix einen Werkvertrag geschlossen. Noch bevor Baufix die Arbeiten beenden konnte, wurde wirksam gekündigt. Daraufhin rechnet Baufix ab. Er führt die erbrachten Leistungen einfach auf und rechnet diese ab. Mit dieser Schlußrechnung ist Eigenheim jedoch nicht einverstanden. Er meint, sie müßte differenzierter gestaltet sein.

Wie muß die Schlußrechnung des Baufix tatsächlich aussehen?

Antwort:

Wenn ein Pauschalpreis vereinbart ist, läßt sich die Höhe der Vergütung nur nach dem Verhältnis des Werts der erbrachten Teilleistung zum Wert der nach dem Pauschalvertrag geschuldeten Gesamtleistung errechnen. Verlangt im Falle des Pauschalvertrages der Unternehmer die Bezahlung der bereits erbrachten Leistungen, muß er diese und die dafür anzusetzende Vergütung darlegen und von dem nicht ausgeführten Teil abgrenzen. Dazu gehört, daß er das Verhältnis der erbrachten Leistungen zur vereinbarten Gesamtleistung und des Preisansatzes für die Teilleistungen zum Pauschalpreis darstellt.

<table>
<tr><td>

Merke:

Wenn ein Pauschalpreis vereinbart ist, läßt sich die Höhe der Teilvergütung nach einer Kündigung nur nach dem Verhältnis des Werts der erbrachten Teilleistung zum Wert der nach dem Pauschalvertrag geschuldeten Gesamtleistung errechnen.

</td></tr>
</table>

Angesprochene Rechtsquellen:

§§ 632, 649 BGB
Stichwort: Kündigungsfolgen - Pauschalvertrag, Vergütungshöhen
Urteil: BGH vom 29.06.1995 (VII ZR 184/94)

Fall U 49 (-)

Wann ist die Schlußrechnung bei einem Pauschalvertrag hinreichend prüfbar?

Eigenheim hatte mit Bauunternehmer Baufix einen Werkvertrag geschlossen. Dieser Werkvertrag wurde vorzeitig gekündigt. Daraufhin stellt Bauunternehmer Baufix seine Schlußrechnung. Zur Prüfbarkeit seiner Schlußrechnung legt er Subunternehmerrechnungen bei. Damit ist Eigenheim nicht einverstanden. Er meint, die Schlußrechnung sei erst dann hinreichend prüfbar, wenn die Leistungen substantiiert dargelegt werden.

Zu Recht?

Antwort:

Die Auffassung des Eigenheim ist richtig. Zum einen hat der Unternehmer für die Prüfbarkeit seiner Schlußrechnung nicht nur die Subunternehmerrechnungen vorzulegen, vielmehr ist für die Prüfbarkeit ein Aufmaß erforderlich. Darüber hinaus hat der Unternehmer den Wert der erbrachten Teilleistungen zum Wert der nach dem Vertrag zu erbringenden Gesamtleistungen ins Verhältnis zu setzen. Somit ist hier die Schlußrechnung des Baufix nicht hinreichend prüfbar.

Merke:

Wird ein Pauschalpreisvertrag gekündigt und will der Unternehmer die bis zur Kündigung erbrachten Leistungen abrechnen, so ist für die Prüfbarkeit ein Aufmaß erforderlich. Die bloße Vorlage von Subunternehmerrechnungen reicht nicht aus. Im übrigen hat der Unternehmer den Wert der erbrachten Teilleistungen zum Wert der nach dem Vertrag zu erbringenden Gesamtleistungen ins Verhältnis zu setzen.

Angesprochene Rechtsquellen:

§§ 8 Nr. 6, 14 VOB/B
Stichwort: Kündigungsfolgen - Prüfbare Abrechnung beim Pauschalvertrag
Urteil: OLG Nürnberg vom 12.05.1993 (13 U 3411/92)

Fall U 50 (-)

Wann bedarf es ausnahmsweise keiner Fristsetzung, um dem Auftragnehmer den Auftrag entziehen zu können?

Eigenheim hatte mit Bauunternehmer Baufix einen VOB-Bauvertrag geschlossen. Eigenheim machte Baufix klar, daß es ihm auf den im Vertrag vereinbarten Fertigstellungszeitpunkt ganz entschieden ankommt. Baufix meinte, es wäre kein Problem, er würde den Termin halten. Als sich die Bauarbeiten verzögerten, wies Eigenheim Baufix erneut auf seine Terminschwierigkeiten hin. Während den Bauarbeiten machte Baufix Eigenheim mehrere Zusagen dahingehend, daß er sich um verschiedene Probleme selbst kümmern werde. Dies geschah jedoch nicht. Als dann die von Baufix zu erbringenden Leistungen am Termin noch nicht vollendet waren, kündigte Eigenheim Baufix, ohne diesem eine nochmalige Frist zu setzen.

Zu Recht?

Antwort:

Grundsätzlich hat der Auftraggeber dem Unternehmer eine Frist zu setzen, um ihm den Auftrag entziehen zu können. Dies ergibt sich aus §5 Nr. 4 und §8 Nr. 3 VOB/B. Einer solchen Fristsetzung mit Androhung der Auftragsentziehung bedarf es ausnahmsweise nicht, wenn der Auftragnehmer schwerwiegend und schuldhaft gegen eine Vertragspflicht verstoßen hat, so daß die Vertrauensgrundlage des Bauvertrags erschüttert ist. Dazu reicht aber eine Terminüberschreitung alleine nicht aus. Vielmehr bedarf es einer schwerwiegenden Unzuverlässigkeit des Auftragnehmers, die jedoch nur aus einer Terminüberschreitung im Zusammenhang mit weiteren Umständen sich ergeben kann.

Ist die Vertrauensgrundlage nicht erschüttert, so bedarf es auch bei einer Terminüberschreitung einer Fristsetzung.

<table>
<tr><td>

<u>Merke:</u>

Eine Fristsetzung nach §5 Nr. 4 VOB/B mit Androhung des Auftragsentzuges bedarf es ausnahmsweise nicht, wenn der Auftragnehmer schwerwiegend und schuldhaft gegen seine Vertragsverpflichtungen verstoßen hat, so daß die Vertrauensgrundlage des Bauvertrages erschüttert ist. Terminüberschreitungen reichen dazu nur aus, wenn sich aus ihnen zusammen mit anderen Umständen eine schwerwiegende Unzuverlässigkeit des Auftragnehmers ergibt.

</td></tr>
</table>

<table>
<tr><td>

Angesprochene Rechtsquellen:

</td></tr>
</table>

<table>
<tr><td>

§ 5 Nr. 4 VOB/B
Stichwort: Kündigungsvoraussetzungen - Verwirkung, Fristsetzung
Urteil: OLG Düsseldorf vom 28.07.1993 (22 U 38/93)

</td></tr>
</table>

Fall U 51 (-)

Kann die Ausführung eines Werks mangelhaft sein, wenn die anerkannten Regeln der Technik eingehalten worden sind?

Eigenheim hatte mit Bauunternehmer Baufix einen VOB-Werkvertrag geschlossen. Nach Fertigstellung muß Eigenheim feststellen, daß die Begehung der Wohnungstreppe einen regelrechten Lärm auslöst. Er meint deshalb, die Wohnungstreppe sei mangelhaft. Baufix teilt diese Meinung nicht und trägt vor, er habe die Treppe nach den anerkannten Regeln der Technik errichtet. Darüber hinaus enthält die DIN 4109 bei Wohnungstrennwänden keine Schallschutzmaße für diesen Fall. Somit läge ein Mangel nicht vor.

Ist diese Auffassung richtig?

Antwort:

Baufix macht sich die Beantwortung dieser Frage etwas zu leicht. Entgegen seiner Auffassung kann ein Fehler durchaus vorliegen, wenn die anerkannten Regeln der Technik eingehalten sind. Ein Mangel ist auch nicht schon deshalb ausgeschlossen, weil die DIN 4109 bei Wohnungstrennwänden keine Schallschutzmaße vorsieht. Bei der Beurteilung eines Mangels ist die Frage zu stellen, was der Unternehmer bei der Errichtung eines Werkes zu gewährleisten hat. Der Unternehmer übernimmt regelmäßig nur die Gewähr dafür, ein mangelfreies und zweckgerechtes Werk zu errichten. Ist also die Lärmbelastung durch die Treppe nicht mehr zweckgerecht, so liegt ein Mangel vor und der Unternehmer ist zum Ersatz des Schadens bzw. zur Mängelbeseitigung verpflichtet.

<table>
<tr><td>

Merke:

Der Unternehmer hat die Entstehung eines mangelfreien, zweckgerechten Werkes zu gewährleisten. Entspricht eine Leistung nicht diesen Anforderungen, so ist sie fehlerhaft und zwar unabhängig davon, ob die anerkannten Regeln der Technik eingehalten worden sind. Die Annahme eines Schallschutzmangels bei einer Wohnungstreppe ist nicht schon deshalb ausgeschlossen, weil die DIN 4109 bei Wohnungstrennwänden keine Schallschutzmaße enthält.

</td></tr>
</table>

Angesprochene Rechtsquellen:

§ 633 BGB; 13 Nr. 1 VOB/B
Stichwort: Mangelhafte Bauleistung - Anerkannte Regeln der Technik
Urteil: BGH vom 19.01.1995 (VII ZR 131/93)

Fall U 52 (-)

Haftet der Unternehmer für Schäden infolge einer fehlerhaften Rohrverbindung zwischen Innen- und Außenentwässerung, wenn er lediglich zur Errichtung der Außenentwässerung verpflichtet war?

Eigenheim hatte mit Bauunternehmer Baufix einen Bauvertrag geschlossen. Baufix verpflichtete sich zur Errichtung einer Doppelhaushälfte einschließlich der äußeren Entwässerung. Eigenheim wollte die Entwässerung im Hausinneren selbst installieren. Nach Fertigstellung der Arbeiten mußte Eigenheim feststellen, daß die Rohrverbindung zwischen Innen- und Außenentwässerung fehlerhaft war und die Kelleraußenmauerwerks-Durchführung des Abwasserkanales undicht war. Deshalb verlangte er von Baufix Schadenersatz gemäß §635 BGB. Dieser lehnte eine Ersatzpflicht ab, da er meinte, ein Fehler seinerseits läge nicht vor. Schließlich habe Eigenheim auch einen großen Teil der Entwässerung übernommen.

Kann Eigenheim Schadenersatz verlangen?

Antwort:

Eigenheim kann Schadenersatz von Baufix verlangen. Es wäre die Aufgabe des Baufix gewesen, für einen ordnungsgemäßen Anschluß zwischen Innen- und Außenentwässerungssystem zu sorgen. Deshalb haftet Baufix für Schäden infolge einer fehlerhaften Rohrverbindung zwischen Innen- und Außenentwässerung und einer undichten Kelleraußenmauerwerks-Durchführung des Abwasserkanales.

<table>
<tr><td>Merke:</td></tr>
<tr><td>Wenn sich ein Unternehmer zur Errichtung einer Doppelhaushälfte einschließlich der äußeren Entwässerung verpflichtet, der Bauherr es übernimmt, die Entwässerung im Hausinneren selbst zu installieren, ist es Aufgabe des Unternehmers, für einen ordnungsgemäßen Anschluß zwischen Innen- und Außenentwässerungssystem zu sorgen.</td></tr>
</table>

<table>
<tr><td>Angesprochene Rechtsquellen:</td></tr>
</table>

<table>
<tr><td>§§ 633, 635 BGB
Stichwort: Mangelhafte Bauleistung, Verantwortung bei Eigenleistungen
Urteil: OLG Düsseldorf vom 17.03.1995 (22 U 139/94)</td></tr>
</table>

Fall U 53 (-)

Liegt bereits ein Mangel vor, wenn zwar kein erheblicher Fehler augenscheinlich ist, aber die Werkleistung nicht den anerkannten Regeln der Technik entspricht?

Eigenheim hatte mit Bauunternehmer Baufix einen VOB-Werkvertrag abgeschlossen. Während der Bauausführung bemängelt Eigenheim, daß verschiedene Leistungen des Baufix nicht den anerkannten Regeln der Technik entsprächen. Baufix erkennt dies zwar an, meint jedoch, dies würde noch zu keinem Fehler führen, der Schadenersatzansprüche auslösen könne. Dennoch verlangt Eigenheim Mängelbeseitigung. Baufix lehnt diese ab, nicht nur weil er keinen Mangel sieht, sondern weil er den erforderlichen Aufwand auch für unverhältnismäßig hält (was wohl zutrifft). Daraufhin mindert Eigenheim die Werklohnforderung des Baufix um den Betrag der Mängelbeseitigungskosten.

Zu Recht?

Antwort:

Eine Minderung kann Eigenheim verlangen. Allerdings nicht in der von ihm festgesetzten Höhe. Gemäß §13 Nr. 1 VOB/B liegt schon ein Fehler vor, wenn zwar kein erheblicher Fehler in diesem Sinne augenscheinlich ist, aber die Werkleistung nicht den anerkannten Regeln der Technik entspricht. Somit besteht ein Anspruch auf Minderung der Werklohnforderung. Diese darf jedoch nicht anhand der Mängelbeseitigungskosten berechnet werden, wenn der zur Mängelbeseitigung erforderliche Aufwand unverhältnismäßig war und sie deshalb vom Unternehmer verweigert wurde.

<u>Merke:</u>

Eine Werkleistung ist auch dann mangelhaft gemäß §13 Nr. 1 VOB/B, wenn sie zwar keinen erheblichen Fehler in diesem Sinne aufweist, aber nicht den anerkannten Regeln der Technik entspricht. Ist der zur Mängelbeseitigung erforderliche Aufwand unverhältnismäßig und wird sie deshalb vom Unternehmer verweigert, so kann die dann dem Besteller zustehende Minderung des Werklohnes nicht anhand der Mängelbeseitigungskosten berechnet werden, weil diese gerade nicht verlangt werden können.

Angesprochene Rechtsquellen:

§§ 13 Nr. 1 VOB/B; 633 BGB
Stichwort: Mangelhafte Bauleistung, Verstoß gegen anerkannte Regeln der Technik, unverhältnismäßiger Aufwand
Urteil: OLG Köln vom 22.04.1994 (19 U 233/93)

Fall U 54 (-)

Wer hat eine strittige Pauschalpreis-Behauptung zu beweisen?

Bauherr Eigenheim hatte mit Bauunternehmer Baufix einen Bauvertrag geschlossen. In der Vertragsurkunde ist ein Cirka-Preis ausgewiesen. In seiner Schlußrechnung verlangt Baufix die übliche Vergütung. Diese überschreitet jedoch den Cirka-Preis um einiges. Eigenheim meint, es sei eine Pauschalpreis-Abrede getroffen worden und mehr zahle er nicht. Der Streit wird vor Gericht ausgefochten.

Antwort:

Fraglich ist hier, wer die Preisabrede zu beweisen hat. Grundsätzlich ist es so, daß der Unternehmer, will er nach Einheitspreisen abrechnen oder die übliche Vergütung verlangen, beweisen muß, daß ein vom Besteller behaupteter Pauschalpreis nicht vereinbart wurde. Etwas anderes gilt dann, wenn sich der Besteller für die von ihm behauptete Pauschalpreis-Abrede auf eine von den Parteien über die Vereinbarung ausgestellte Urkunde, die auf einen Cirka-Preis hinweist, beruft. Dann nämlich ist sein Sachvortrag widersprüchlich und in sich nicht stimmig. In diesem Fall muß der Besteller die streitige Pauschal-Abrede beweisen.

<table>
<tr><td>

Merke:

Grundsätzlich muß der Unternehmer eine vom Besteller behauptete Pauschalpreis-Abrede widerlegen. Zu einer Umkehr der Beweislast kommt es nur dann, wenn der Sachvortrag des Bestellers in sich widersprüchlich ist.

</td></tr>
</table>

<table>
<tr><td>Angesprochene Rechtsquellen:</td></tr>
</table>

<table>
<tr><td>

§§ 631, 632 BGB
Stichwort: Pauschalpreis, Einheitspreisvertrag, Beweislast
Urteil: OLG Hamm vom 26.03.1993 (12 U 203/92)

</td></tr>
</table>

Baurechtsberater Bauunternehmer

Indexverzeichnis

A

INDEXVERZEICHNIS

INDEXVERZEICHNIS

B

D

E

F

G

H

M

N

P

R

S

W

Z

Baurechtsberater Bauunternehmer

Urteilsregister
Gesetzesregister

[*] Aus Unternehmersicht

[*] Aus Unternehmersicht